国内一线平面设计师和资深培训专家倾力打造
可以听着学的图书

征服

Photoshop CS4 中文版

完全实战学习手册

（多媒体超值版）

肖红艳　编著

U0131971

北京科海电子出版社
www.khp.com.cn

内 容 提 要

本书是指导初中级读者快速掌握 Photoshop CS4 进行图像处理的入门书籍。全书由教育专家和行业资深人士共同组织，合作编写。书中详细介绍了初学者必须掌握的基础知识、使用方法和操作步骤，并对初学者在 Photoshop 图像处理时经常会遇到的问题进行了专家级的指导，使初学者能在起步过程中少走弯路。

本书全面、系统地介绍了 Photoshop CS4 的安装和用户界面，基础操作和使用技巧，基本图形绘制，图像选择和图像修补，图像的合成和图像特效，使用文字，使用图层，使用通道，使用滤镜，任务自动化，最后通过特效文字设计、界面效果设计、书籍装帧设计、箱包设计、广告设计、商品包装设计、商业插画设计、效果图后期处理等实例来对 Photoshop CS4 的应用技巧进行归纳和总结。

全书共 18 章，以"入门→提高→精通→行业案例"为线索具体展开，涵盖了 Photoshop CS4 图像处理的方方面面。书中还涉及大量的实例，难度由低到高，循序渐进，并注重技巧的归纳和总结，以"高手指点"等形式穿插于基础知识的讲解中。

本书配套光盘系作者精心开发的专业级多媒体教学光盘，它包含了书中所有的实例源文件和素材文件，重要知识点和基本概念的 MP3 音频文件，实用的素材资源文件以及实例制作过程的视频教学录像，紧密结合书中的内容对各个知识点进行了深入讲解，大大扩充了本书的知识范围。

本书及配套的多媒体光盘主要面向 Photoshop 图像处理的初中级用户，适合于广大 Photoshop 爱好者以及从事平面设计、广告设计、包装设计、插画设计、书籍装帧设计等行业人员使用，同时也可以作为各大院校和社会培训机构相关设计专业师生的教材和学习辅导书。

声 明

《征服 Photoshop CS4 中文版完全实战学习手册（多媒体超值版）》（含 1 多媒体教学 DVD+1 配套手册）由北京科海电子出版社独家出版发行，本书为多媒体教学光盘的配套学习手册。未经出版者书面许可，任何单位和个人不得擅自摘抄、复制光盘和本书的部分或全部内容以任何方式进行传播。

征服 Photoshop CS4 中文版完全实战学习手册（多媒体超值版）
肖红艳　编著

责任编辑	徐晓娟		封面设计	林　陶
出版发行	北京科海电子出版社			
社　　址	北京市海淀区上地七街国际创业园 2 号楼 14 层		邮政编码	100085
电　　话	（010）82896594　62630320			
网　　址	http://www.khp.com.cn（科海出版服务网站）			
经　　销	新华书店			
印　　刷	北京市鑫山源印刷有限公司			
规　　格	185 mm×260 mm　16 开本		版　次	2009 年 6 月第 1 版
印　　张	25		印　次	2009 年 6 月第 1 次印刷
字　　数	608 000		印　数	1 - 3000
定　　价	45.00 元（含 1 多媒体教学 DVD+1 配套手册）			

多媒体教学光盘使用说明

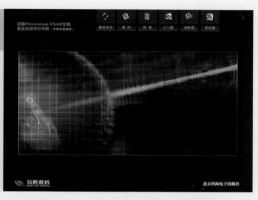

▶ 启动多媒体光盘主界面

将随书附赠的光盘放入光驱之中，几秒钟之后光盘将自动运行。如果没有自动运行，可在桌面双击"我的电脑"图标，在打开的窗口中右击光盘所在的盘符，在弹出的快捷菜单中选择"自动播放"命令，即可启动并进入多媒体视频教学的主界面。

▶ 22个重要知识点和基本概念的MP3声音文件

单击"概念录音"按钮，可以看到书中重要概念和知识点的MP3声音文件，双击需要了解的概念录音文件即可进行播放，也可以将其复制到MP3、MP4播放器或手机中随身学习。

▶ 205个书中实例所需图片素材文件

单击"素材"按钮，可以浏览到书中相应章节实例所需的素材文件，另外还有随本书赠送的相关素材和资源。

▶ 超值附赠580张超大画幅高清图片素材资源

双击"附赠素材资源"文件夹，可以看到赠送素材的分类文件夹。

▶ 附赠图片素材浏览界面

双击其中任何一个文件夹，可以浏览到相应的图片素材。

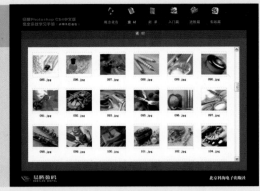

▶ 41个实例最终图像分层源文件和53个最终图像效果文件

单击"结果"按钮，可以浏览到书中相应章节实例的最终结果文件。

▶ 55堂总计近6小时多媒体语音视频教学课程

单击"入门篇"、"进阶篇"或"实战篇"按钮，即可进入相应篇章的多媒体视频教学界面。将鼠标放置在界面左侧的实例名称栏上，在右侧预览区域会显示该实例的素材及结果图像，并在下方显示该实例的制作要点。单击该实例名即可播放相应的教学视频。

▶ 多媒体教学视频播放界面

多媒体教学视频播放界面中的各按钮功能如下。

❶ 拖动进度条滑块可控制播放进度
❷ 单击可播放视频
❸ 单击可暂停视频播放
❹ 单击可回到视频开始位置
❺ 单击可返回上一级界面
❻ 单击可退出光盘程序界面

4.2.7 使用修补工具修复大区域

4.2.1 使用红眼工具消除红眼

5.1.1 使用图层蒙版工具为天空增色

5.1.4 使用"镜头校正"命令校正镜头问题

5.2.1 使用图层混合模式制作倒影效果

5.2.6 使用"双色调"命令创建旧照片效果

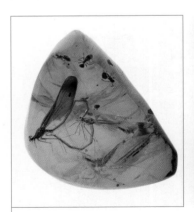

7.4.7 制作琥珀石效果　　　　**11.4** 翡翠文字

11.2	墙面喷涂文字

11.3	平面渐隐文字

12.2	《Autumn》CD光盘设计

12.3	手机界面的绘制

13.3 《时尚茜茜》杂志封面设计

13.4 《西点诱惑》书籍封面设计

14.2 晚装配包设计

16.2 食品类包装设计

17.2 《春》插画设计

18.1 室外效果图后期处理

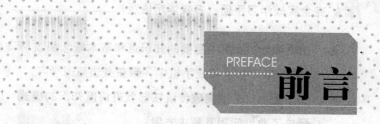
PREFACE
前言

计算机是现代信息社会中的重要工具，而今各行各业中的设计工作都离不开计算机。因此，为满足广大读者学习相关设计软件的需要，我们组织了多位行业高手及计算机培训专家，精心编写了这套"完全实战学习手册"系列丛书，希望能为广大读者更好地学习设计软件的操作、提高工作实战能力和设计水平发挥积极作用。

■ 本书特色

- **任务驱动，实战教学**：书中的知识点采用任务驱动模式编写，按照初学者最易于学习的方式，针对各知识点先从实战操作入手，在激发读者兴趣的基础上，反向解析Photoshop关键参数和使用技巧。各知识点大致分为"任务导读"、"任务驱动"、"应用工具"、"参数解析"和"使用技巧"几个部分，在有限的篇幅中为读者奉送更多的知识和实战案例。

- **图文并茂，信息量高**：在介绍具体操作步骤的过程中，每一个操作步骤均配有对应的插图，图中用简洁的语言标注步骤信息，尽量增加图中的知识含量。这种图文并茂的方法，使读者在学习过程中能够直观、清晰地看到操作的过程以及效果，便于读者理解和掌握。

- **提示技巧，贴心周到**：本书对读者在学习过程中可能会遇到的疑难问题以"高手指点"形式进行了说明，使读者能在学习过程中少走弯路。

- **书盘结合，互动教学**：本书配套多媒体教学光盘内容与书中知识紧密结合并互相补充。多媒体教学录像模拟工作中的真实场景，让读者体验实际工作环境，并借此掌握工作中所需的知识和技能，掌握处理各种问题的方法，达到学以致用的目的，从而大大地扩充了本书的知识范围。

■ 光盘特色

- **内容丰富**：光盘中不仅提供了全部书中实例的图像源文件和素材文件，而且还附赠了大量的Photoshop资源素材，大量Photoshop图像处理技巧的语音教学录像，使读者能够轻松、快速地学会Photoshop CS4图像处理的方法。

- **超大容量**：光盘涵盖了书中绝大多数的知识点，并做了一定的扩展和延伸，弥补了目前市场上现有光盘内容含量少、播放时间短的不足。

- **语音概念：** 本书中重要的知识点和基本概念都以 MP3 音频格式录制，方便读者存储在 MP3、MP4 播放器或手机中，带在身边随时学习。

- **实用至上：** 全面突破传统按部就班讲解知识的模式，以解决实际问题为出发点，全面涵盖了典型问题及解决方案。

- **解说详尽：** 对每一个知识点都做了详细的解说，使读者能够身临其境，加快学习速度。

本书主要由肖红艳执笔，参与本书编写工作的还有王放、姜岭、张慧娟、杨珊、李科夫、肖杰、王公民、黄应武、许国强、闫争春、蔺杰、许丽娜、谭冬晶、韩慧、张核腾、马腾超、郭海鹏、李阳、丁保光、关清洲、刘一波等。由于笔者学识和水平所限，书中难免存在疏漏之处，敬请各位读者批评指正。

编著者

2009 年 3 月

CONTENTS

目录

Chapter 05

图像的合成和图像特效 ················ 95

Chapter 06

使用文字 ································122

Chapter 07

使用图层 ························ **139**

Chapter 08

Chapter 09

使用滤镜 ………… 203

Chapter 10

任务自动化 ………… 218

Chapter
01

Photoshop 新手入门

本章知识点

- Photoshop 的职业世界
- Photoshop CS4 的安装、启动与退出
- Photoshop CS4 的新增功能
- 初识 Photoshop CS4 工作环境

Photoshop CS4 是一款非常专业的图形图像处理和编辑软件，它在图形的绘制、文字的编排、图像的处理、动画的创建上都具有十分完善和强大的功能，能有效地帮助设计师进行方便、快捷的操作。Photoshop CS4 在业界受到广泛的好评。

本章将介绍 Photoshop CS4 的安装和一些基本操作。

1.1 | Photoshop 的职业世界

Photoshop 作为专业的图形图像处理软件，是许多想从事平面设计工作人员的必备工具。它被广泛地应用于广告公司、制版公司、输出中心、印刷厂、图形图像处理公司、婚纱影楼以及网页设计公司等。

Photoshop CS4 为优秀设计师的设计提供了一个更加广阔的发展空间，使许多不可能变成了现实。如图 1—1 所示的房地产广告设计，使用 Photoshop CS4 将房子的实景融入高脚酒杯之中，使其更好地体现出楼盘环境优美、品位不凡的理念。

图 1-1　房地产广告

Photoshop CS4 为它们的用户——平面设计、三维动画设计、影视广告设计和网页设计等广大的从业人员都设计了相应的工具和功能，结合他们相应的专业知识，就可以创造出无与伦比的影像世界。

- 企业宣传画册示例如图 1-2 所示。
- 书籍装帧示例如图 1-3 所示。

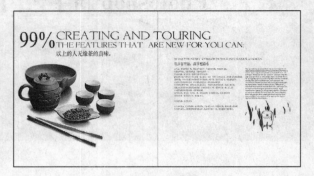

图 1-2　企业宣传画册

图 1-3　书籍装帧

- 海报示例如图 1-4 所示。
- 网站主页示例如图 1-5 所示。

图 1-4　海报

图 1-5　网站主页

Photoshop 中的无缝贴图功能也是很强大的。在实际的设计过程中，无论是三维设计还是网页制作，或是广告印刷，无缝贴图的用途越来越广。有些滤镜是专门用来设计贴图的，但用起来不方便。用滤镜或其他专门工具的缺点多，让用户失去了对贴图的控制权。制作一幅贴图时，用户总会有一些具体的考虑，尤其是当用来制作贴图的原材料不能完全具备贴图条件时，很可能会束手无措。

实际上，无缝贴图的原理和制作并不困难。因为接缝在边上不方便处理，就利用"滤镜"→"其他"→"位移"命令将边移到图中间，然后将接缝的痕迹抹掉拼接而成。此时各个矩形小图像之间没有接缝的痕迹，小图像之间也完全吻合。这种无缝拼接图像在日常生活中也很常见，如地面上铺的地板革，以及墙纸、花纹布料和礼品包装纸等。如图 1-6 所示都是无缝贴图。

图 1-6　无缝贴图

使用 Photoshop 中的滤镜还可以模仿出各种天然的材质效果，在设计中可以很方便地解决找不到材质的问题。金属、玻璃和大理石材质的效果如图 1-7 所示。

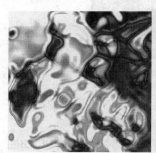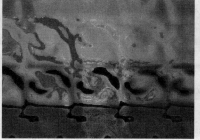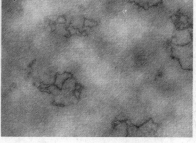

图 1-7　不同材质的效果

1.2 | Photoshop CS4 的安装、启动与退出

在学习 Photoshop CS4 前，首先要安装 Photoshop CS4 软件。下面介绍在 Windows XP 系统中安装、启动与退出 Photoshop CS4 的方法。

1.2.1　运行环境需求

在 Windows 系统中运行 Photoshop CS4 的配置要求如下。

- Intel Pentium 4、Intel Centrino、Intel Xeon 或 Intel Core Duo（或兼容）处理器
- Windows XP（带有 Service Pack 2）或 Windows Vista Home Premium、Business、Ultimate 或

Enterprise（已为 32 位版本进行验证）

- 512MB 内存（建议使用 1GB）
- 2.5GB 的可用硬盘空间（在安装过程中需要的其他可用空间）
- 1024×768 分辨率的显示器（带有 16 位视频卡）
- DVD—ROM 驱动器

1.2.2 Photoshop CS4 的安装

■ 任务导读

与其他软件一样，在使用 Photoshop CS4 之前，首先要把它安装到本地计算机中。下面就来讲解具体的安装步骤。

■ 任务驱动

安装 Photoshop CS4 的具体步骤如下。

01 在光驱中放入安装盘，双击安装文件图标█，文件自行解压缩及初始化，并检查系统配置文件，如图 1—8 所示。

图 1-8　安装初始化

02 系统接着弹出"Adobe Photoshop CS4 安装－欢迎"界面，输入安装序列号后单击"下一步"按钮，如图 1－9 所示。

03 系统弹出"Adobe Photoshop CS4 安装－许可协议"界面，单击"接受"按钮，如图 1－10 所示。

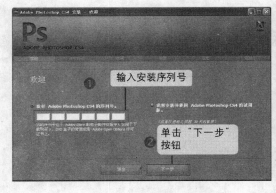

图 1-9　"欢迎"界面

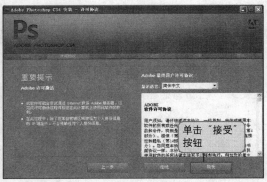

图 1-10　"许可协议"界面

04 系统弹出″Adobe Photoshop CS4 安装－选项″界面，选择安装语言，设置安装的位置，选择安装的程序后，单击″安装″按钮，系统将开始复制安装文件，如图 1-11 所示。

05 系统弹出″Adobe Photoshop CS4 安装－进度″界面，显示安装进度，如图 1-12 所示。

图 1-11　"选项"界面　　　　　　　　　　图 1-12　"进度"界面

06 文件复制结束会弹出″Adobe Photoshop CS4 安装－完成″界面，然后单击″退出″按钮 Photoshop CS4 即安装成功，如图 1-13 所示。

图 1-13　"完成"界面

高手指点：如果系统配置符合要求，但"安装"界面弹出"安装失败"提示，关闭 Windows 自带防火墙，再重新安装即可。

1.2.3　启动与退出

■ 任务导读

完成 Photoshop CS4 的安装后，是不是就迫不及待地想打开看一看 Photoshop CS4 的软件界面呢？下面介绍如何启动与退出 Photoshop CS4 软件。

■ 任务驱动

若要启动 Photoshop CS4，可以执行下列操作之一。

● 选择"开始"→"所有程序"→Adobe Photoshop CS4 命令，如图 1-14 所示，即可启动 Photoshop
　CS4。

图 1-14　启动 Photoshop CS4

● 直接在桌面上双击 Ps 快捷图标。
● 双击 Photoshop CS4 相关联的文档。

若要退出 Photoshop CS4，可以执行下列操作之一。

● 单击 Photoshop CS4 程序窗口右上角的 X 按钮。
● 选择"文件"→"退出"命令。
● 双击 Photoshop CS4 程序窗口左上角的 Ps 图标。
● 按 Alt+F4 组合键。
● 按 Ctrl+Q 组合键。

1.2.4　卸载 Photoshop CS4

■ 任务导读

如果想卸载 Photoshop CS4，可以通过 Windows 控制面板来执行。

■ 任务驱动

01 双击桌面上的"我的电脑"图标，在弹出的窗口中单击"控制面板"图标 控制面板©，如
图 1-15 所示。

02 系统弹出"控制面板"窗口，然后双击"添加或删除程序"图标，如图 1-16
所示。

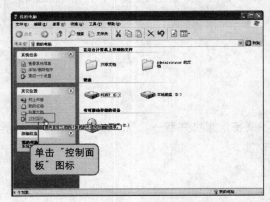

图 1-15　"我的电脑"窗口

图 1-16　"控制面板"窗口

03 系统弹出"添加或删除程序"窗口，选择需要卸载的程序 Photoshop CS4，单击右侧的"更改/删除"按钮，如图 1-17 所示，这时会出现"是否删除 Photoshop CS4"的提示，单击"是"按钮程序即可被删除。

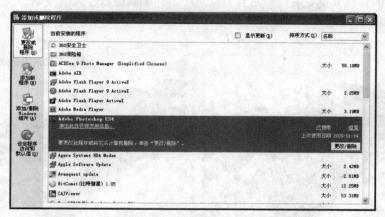

图 1-17　删除 Photoshop CS4 程序

1.3 | Photoshop CS4 的新增功能

Adobe 公司于 2008 年 10 月 23 日正式发布了 Photoshop CS4 新版本，这是 Adobe 公司史上最大规模的一次软件更新行动。CS4 分为几种不同的版本，其中最闪亮的产品莫过于 Photoshop CS4，它不但能完美兼容 Vista，而且有几十个激动人心的全新特性，诸如支持宽屏显示器的新式版面、集 20 多个窗口于一身的 dock、占用面积更小的工具栏、多张照片自动生成全景、灵活的黑白转换、更易调节的选择工具、智能的滤镜、改进的消失点特性、更好的 32 位 HDR 图像支持等。

Photoshop CS4 软件作为专业的图像编辑软件，可以帮助用户创造高质量的图像，提高工作效率。Photoshop CS4 的新增功能使用户使用起来更加得心应手。

1. 3D 旋转功能

Photoshop CS4 可以将图片进行角度的旋转，也就是像写生时转动画板那样从另一个角度来修改图片，方便观察，但这并非对图片做真正的旋转。工具箱中的"3D 旋转工具"和"3D 环绕工具"如图 1-18 所示。

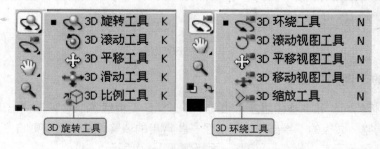

图 1-18　3D 工具

2．自然饱和度功能

Photoshop 的以往版本只有"色相/饱和度"这一项，最新版本的"自然饱和度"功能使得对图片饱和度的调整变得更智能，它会自动对不饱和的颜色做较大的变动，反之亦然。如图1-19 所示是调整自然饱和度前后的效果。

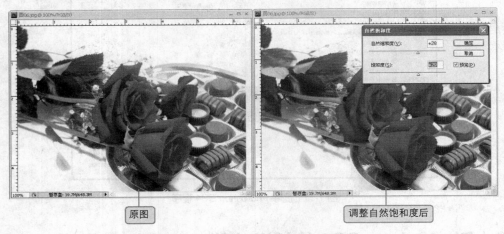

原图　　　　　　调整自然饱和度后

图 1-19　调整自然饱和度

3．内容感知型缩放

通常用户使用自由变换功能压缩和扩展图片时，其中的所有元素都随之缩放，出现变形和扭曲。使用 Photoshop CS4 的内容识别比例（Content Aware Scale）命令后，当图像被调整为新的尺寸时，会智能地按比例保留其中重要的区域。如果在之前，缩放后需要大量的、复杂的修补工作。如图1-20 所示为使用内容识别比例和自由变换的效果对比。

自由变换　　　　　　内容识别比例

图 1-20　内容识别比例

4．新增的"调整"面板

"调整"面板的功能和调整图层基本相同，不过色阶、曲线等以按钮形式出现会更加直观和方便。在"调整"面板的下半部分还增加了一些常用的调整预设，比如更暗、更亮或增加对比度等，极大地提升了工作效率。"调整"面板如图1-21 所示。

图 1-21 "调整"面板

5. 增强的自动对齐功能

图层自动对齐一直作为合并 HDR（高动态感光范围）图像、创建全景图、处理连拍照片的前奏，用来精确、快速地对齐与连接多张图片。对齐功能在新版本中又得到了进一步的增强，增加了实用的对齐方式和镜头校正选项，如图 1-22 所示。

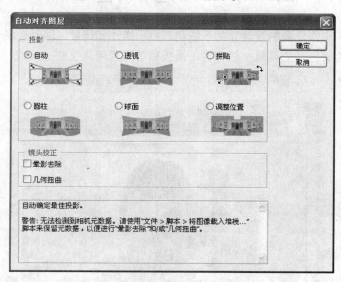

图 1-22 自动对齐功能

6. 与其他 Adobe 软件集成

借助 Photoshop Extended 与用户依赖的其他 Adobe 应用程序之间增强的集成来提高工作效率，这些应用程序包括 Adobe After Effects、Adobe Premiere Pro 和 Adobe Flash Professional。

7．领先的颜色校正功能

体验大幅增强的颜色校正功能以及经过重新设计的减淡、加深和海绵工具，现在可以智能地保留颜色和色调的详细信息，如图 1-23 所示。

图 1-23　颜色校正

1.4｜初识 Photoshop CS4 工作环境

下面介绍 Photoshop CS4 工作区的工具、面板和其他元素。

1.4.1　Photoshop CS4 的工作界面

Photoshop CS4 工作界面的设计非常系统化，便于操作和理解，同时也易于被人们接受。它主要由标题栏、菜单栏、工具箱、任务栏、面板和工作区等几个部分组成，如图 1-24 所示。

图 1-24　Photoshop CS4 的工作界面

1.4.2 菜单栏

菜单栏包含执行任务的菜单，这些菜单是按主题进行组织的，如图 1-25 所示。

文件(F) 编辑(E) 图像(I) 图层(L) 选择(S) 滤镜(T) 分析(A) 3D(D) 视图(V) 窗口(W) 帮助(H)

图 1-25 菜单栏

- "文件"菜单中包含的是用于处理文件的基本操作命令。
- "编辑"菜单中包含的是用于进行基本编辑操作的命令。
- "图像"菜单中包含的是用于处理画布图像的命令。
- "图层"菜单中包含的是用于处理图层的命令。
- "选择"菜单中包含的是用于处理选区的命令。
- "滤镜"菜单中包含的是用于处理滤镜效果的命令。
- "分析"菜单中包含的是用于分析和测量数据的命令。
- 3D 菜单中包含的是用于处理和合并现有的 3D 对象、创建新的 3D 对象、编辑和创建 3D 纹理及组合 3D 对象与 2D 图像的命令。
- "视图"菜单中包含的是一些基本的视图编辑命令。
- "窗口"菜单中包含的是一些基本的面板启用命令。
- "帮助"菜单包含的是一些帮助命令。

1.4.3 工具箱

第一次启动应用程序时，工具箱将出现在屏幕左侧。用户可通过拖动工具箱的标题栏来移动它。通过选择"窗口"→"工具"命令可以显示或隐藏工具箱。

工具箱中的某些工具具有出现在上下文相关工具选项栏中的选项。通过这些工具，用户可以使用文字，或选择、绘画、绘制、取样、编辑、移动、注释和查看图像。 通过工具箱中的其他工具，用户还可以更改前景色与背景色、转到 Adobe Online、在不同的模式下工作以及在 Photoshop 和 ImageReady 应用程序之间进行跳转。

用户可以展开某些工具，以查看它们后面的隐藏工具。工具图标右下角的小三角形表示存在隐藏工具。

通过将指针放在任何工具上，可以查看有关该工具的信息。工具的名称会显示在指针下面的工具提示中。某些工具提示包含指向有关该工具的附加信息的链接。工具箱如图 1-26 所示。

图 1-26　工具箱

> **高手指点：** 单击工具箱顶部的 按钮可以实现工具箱的展开和折叠。如果工具的右下角有一个黑色的三角，说明该工具是一组工具（还有隐藏的工具）。将鼠标光标放置在工具上，按下鼠标左键并停几秒钟就会展开隐藏的工具。

1.4.4　工具选项栏

　　大多数工具的选项都会在选中该工具的状态下在选项栏中显示。选中移动工具的选项栏如图 1-27 所示。

图 1-27　工具选项栏

　　选项栏与工具相关，并且会随所选工具的不同而变化。选项栏中的一些设置（例如绘画模式和不透明度）对于许多工具都是通用的，而有些设置则专用于某个工具（例如用于铅笔工具的 "自动抹掉" 设置）。

1.4.5　面板

　　使用面板可以监视和修改图像。

- "图层"面板如图 1-28 所示。
- "通道"面板如图 1-29 所示。

图 1-28 "图层"面板

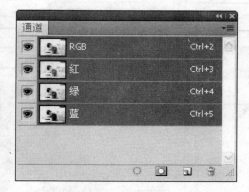

图 1-29 "通道"面板

- "路径"面板如图 1-30 所示。

选择"窗口"菜单中的命令可以控制面板的显示与隐藏。默认情况下,面板以组的方式堆叠在一起,用鼠标左键拖曳面板的顶端移动位置可以移动面板组,单击面板左侧的各类面板标签还可以打开相应的面板,如图 1-31 所示。

图 1-30 "路径"面板

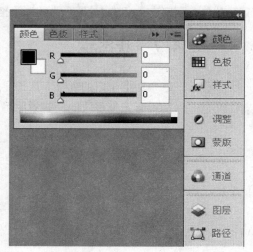

图 1-31 面板组

[**高手指点:** 如果要隐藏所有的面板,可以通过按 Shift+Tab 组合键来实现。]

用鼠标左键选中面板中的标签,然后拖曳到面板以外,就可以从组中移去该面板。

1.4.6 图像窗口

通过图像窗口可以移动整个图像在工作区的位置。图像窗口显示图像的名称、百分比率、色彩模式以及当前图层等信息,如图 1-32 所示。

图 1-32　图像窗口

单击窗口右上角的 ▬ 图标可以最小化图像窗口，单击窗口右上角的 ▢ 图标可以最大化图像窗口，单击窗口右上角的 ✖ 图标则可关闭整个图像窗口。

1.4.7　状态栏

状态栏位于每个文档窗口的底部，用于显示有用的信息，例如，现有图像的当前放大倍数和文件大小，以及现有工具用法的简要说明等，如图 1-33 所示。

图 1-33　状态栏

单击状态栏上的黑色三角形可以弹出一个菜单，如图 1-34 所示。

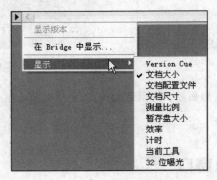

图 1-34　弹出的菜单

选择相应的图像状态，状态栏的信息显示情况也会同时改变，例如选择"暂存盘大小"命令，将显示有关暂存盘大小的信息，如图 1-35 所示。

图 1-35 状态栏

1.4.8 工具预设

■ **任务导读**

如果需要频繁地对某一个工具使用相同的设置，可以将这组设置作为预设存储起来，以便在需要的时候随时访问该预设。

■ **任务驱动**

创建工具预设的步骤如下。

01 选取一个工具，然后在选项栏中设置所需的选项。

02 单击面板左侧的"工具预设"按钮 ✖，或者选择"窗口"→"工具预设"命令，以显示"工具预设"面板，如图 1-36 所示。

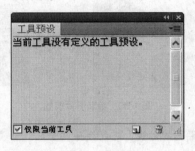

图 1-36 "工具预设"面板

03 执行下列操作之一。

● 单击"创建新的工具预设"按钮 🔳。
● 从面板菜单中选择"新工具预设"命令。

04 弹出"新建工具预设"对话框，如图 1-37 所示。

05 输入工具预设的名称，然后单击"确定"按钮即可，此时的"工具预设"面板如图 1-38 所示。

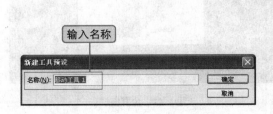

图 1-37 "新建工具预设"对话框

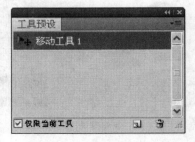

图 1-38 "工具预设"面板

将频繁使用的工具参数设定好，然后单击"工具预设"面板上的"新建"按钮，即可将该工具存储到"工具预设"面板中供随时使用。

1.4.9 优化工作界面

Photoshop CS4 提供了标准屏幕模式、带有菜单栏的全屏模式和全屏模式，用户可以通过标题栏中的"屏幕模式"按钮或用快捷键 F 来实现 3 种不同模式之间的切换。对于初学者来说，建议使用标准屏幕模式，如图 1−39 所示。

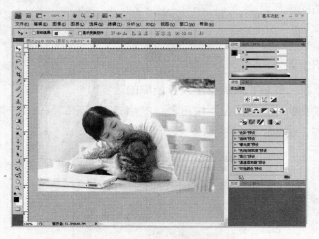

图 1-39　标准屏幕模式

> **高手指点：**当工作界面出现混乱的时候，可以选择"窗口"→"工作区"→"基本功能"命令恢复到默认的工作界面。

要想拥有更大的画面观察空间，可使用全屏模式。

- 带有菜单栏的全屏模式如图 1−40 所示。
- 全屏模式如图 1−41 所示。

图 1-40　带有菜单栏的全屏模式

图 1-41　全屏模式

1.5 | 本章小结

本章主要介绍了 Photoshop CS4 的新增功能、工作界面、Photoshop CS4 对系统配置的要求，以及安装与配置的过程等。这些知识应该在学习具体的绘图方法之前了解。

Photoshop CS4 的工作界面主要由 6 部分组成：标题栏、菜单栏、工具箱、任务栏、面板和工作区等。在对图像进行绘制、调整时，用户可以通过工具箱或者面板绘制或调整图像，面板和状态栏会显示相应的参数，但要想顺利地完成设计任务，比较完整地了解 Photoshop CS4 界面中各个部分的功能是非常必要的。

此外，Photoshop CS4 新增加了许多新的功能和特性，它在运行速度、图形处理和网络功能等方面都达到了更高的水平。本章也对这些新的功能和特性做了初步介绍。

图像处理的相关知识

本章知识点

- 矢量图和位图
- 图像格式
- 颜色模式

Photoshop CS4 主要用于图形图像的处理和制作，要想做出好的作品，就需要对图像的相关知识做必要的了解。本章将介绍图像的格式、分辨率和颜色模式等。

2.1 | 矢量图和位图

2.1.1 矢量图和位图的概念

基本概念 （路径：光盘\MP3\什么是矢量图）

矢量图形由经过精确定义的直线和曲线组成，这些直线和曲线称为矢量。移动直线、调整其大小或更改其颜色都不会降低图形的品质。

矢量图形与分辨率无关，也就是说，可以将它们缩放到任意尺寸，可以按任意分辨率打印，而不会丢失细节或降低清晰度。因此，矢量图形最适合表现醒目的图形。这种图形（例如徽标）在缩放到不同大小时必须保持线条清晰，如图 2-1 所示。

图 2-1　矢量图

[　**高手指点**：Photoshop 主要用于处理位图图像，但仍然包含矢量信息，如路径。　]

基本概念　（路径：光盘\MP3**什么是位图**）

位图图像在技术上称为栅格图像，它由网格上的点组成，这些点称为像素。在处理位图图像时，用户所编辑的是像素，而不是对象或形状。位图图像是连续色调图像（如照片或数字绘画）最常用的电子媒介，因为它们可以表现阴影和颜色的细微层次。

在屏幕上缩放位图图像时，可能会丢失图像细节，因为位图图像与分辨率有关，它们包含固定数量的像素，并且为每个像素分配了特定的位置和颜色值。如果在打印位图图像时采用的分辨率过低，位图图像可能会呈锯齿状，因为此时增加了每个像素的大小，如图 2-2 所示。

图 2-2　位图

2.1.2　像素

像素是构成位图的基本单位。当位图图像放大到一定程度的时候，所看到的一个一个的马赛克就是像素，如图 2-3 所示。

图 2-3　像素

2.1.3 分辨率

分辨率是指单位长度内像素的数目，其单位为"像素/英寸"或是"像素/厘米"，包括显示器分辨率、图像分辨率和印刷分辨率等。

1. 显示器分辨率

显示器分辨率取决于显示器的大小及其像素设置。例如，一幅大图像（尺寸为 800×600 像素）在 15 英寸显示器上显示时几乎会占满整个屏幕；而在更大的显示器上所占的屏幕空间就会比较小，每个像素看起来会比较大。

> **高手指点：** 彩色印刷品的分辨率一般设定为 300 像素/英寸，报纸图像的分辨率一般设定为 96 像素/英寸，网页图像的分辨率则为 72 像素/英寸。

2. 图像分辨率

图像分辨率由打印在纸上的每英寸像素（像素/英寸，ppi）的数量决定。在 Photoshop 中，用户可以更改图像的分辨率。打印时，高分辨率的图像比低分辨率的图像包含的像素更多，因此像素点更小。与低分辨率的图像相比，高分辨率的图像可以重现更多的细节和更细微的颜色过渡，因为高分辨率图像中的像素密度更高。无论打印尺寸多大，高品质的图像通常看起来都不错。按不同尺寸打印同一幅低分辨率图像的效果如图 2-4 所示。

小打印尺寸　　　中等打印尺寸　　　　　大打印尺寸

图 2-4 不同打印尺寸打印的效果

> **高手指点：** 视频文件只能以 72ppi 的分辨率显示。即使图像的分辨率高于 72ppi，在视频编辑应用程序中显示图像时，图像品质看起来也不一定会非常好。

3. 专业印刷的分辨率

印刷的分辨率是单位长度上的线数，单位为线/英寸（lpi），在实际工作中，150 线/英寸的分辨率即可满足印刷的需要。

2.2 | 图像格式

要确定理想的图像格式，必须首先考虑图像的使用方式。例如，用于网页的图像一般使用 JPEG 和 GIF 格式，用于印刷的图像一般要保存为 TIFF 格式。其次要考虑图像的类型，最好将具有大面积平淡颜色的图像存储为 GIF 或 PNG-8 格式，而将那些具有颜色渐变或其他连续色调的图像存储为 JPEG 或 PNG-24 格式。

2.2.1 PSD 格式

PSD 文件是 Photoshop 软件专用的文件格式，是 Adobe 公司优化格式后的文件，能够保存图像数据的每一个细小部分，包括图层、蒙版、通道以及其他的少数内容，但这些内容在转存成其他格式时会丢失。另外，因为这种格式是 Photoshop 支持的自身格式文件，所以 Photoshop 能比其他格式更快地打开和存储这种格式的文件。

该格式唯一的缺点是：尽管 Photoshop 在计算的过程中已经应用了压缩技术，但使用这种格式存储的图像文件仍然特别大。不过，因为这种格式不会造成任何数据流失，所以在编辑过程中最好还是选择这种格式存盘，直到最后编辑完成后再转换成其他占用磁盘空间较小、存储质量较好的文件格式。在存储成其他格式的文件时，有时会合并图像中的各图层以及附加的蒙版通道，这会给再次编辑带来不少的麻烦，因此最好先存储一个 PSD 的文件备份后再进行转换。

PSD 格式支持所有可用的图像模式（位图、灰度、双色调、索引颜色、RGB、CMYK、Lab 和多通道等）、参考线、Alpha 通道、专色通道和图层（包括调整图层、文字图层和图层效果等）等格式，还可以保存图像的图层和通道等信息。

2.2.2 TIFF 格式

TIFF 格式直译为"标记图像文件格式"，是由 Aldus 公司为 Macintosh 开发的文件格式。

TIFF 用于在应用程序之间和计算机平台之间交换文件，被称为标签图像格式，是 Macintosh 和 PC 上使用很广泛的文件格式。它采用无损压缩方式，与图像像素无关。TIFF 常被用于彩色图片的扫描，它以 RGB 的全彩格式存储。

TIFF 格式支持带 Alpha 通道的 CMYK、RGB 和灰度文件，支持不带 Alpha 通道的 Lab、索引颜色和位图文件，也支持 LZW 压缩。

存储 Photoshop 图像为 TIFF 格式时，可以选择存储文件为 IBM-PC 兼容计算机可读的格式或 Macintosh 可读的格式。要自动压缩文件，可单击"LZM 压缩"注记框。对 TIFF 文件进行压缩可减少文件大小，但会增加打开和存储文件的时间。

TIFF 是一种灵活的位置图像格式，实际上被所有的绘画、图像编辑和页面排版应用程序所支持，而且几乎所有的桌面扫描仪都可以生成 TIFF 图像。Photoshop 可以在 TIFF 文件中存储图层，但如果在另一个应用程序中打开该文件，则只有拼合图像是可见的；也能够以 TIFF 格式存储注释、透明度和多分辨率金字塔数据。TIFF 文件格式在实际工作中主要用于印刷。

2.2.3　JPEG 格式

　　JPEG 是 Macintosh 上常用的存储类型，是所有压缩格式中最卓越的、也是较常用的图像格式。此格式支持真彩色，文件较小，在保存时能够将人眼无法分辨的部分删除，以节省存储空间。这些被删除的部分无法在解压时还原，所以 JPEG 格式并不适合放大观看，输出成印刷品时品质也会受到影响。JPEG 格式的最大优点是所占的存储空间比其他格式的图像文件小得多。

　　在 World Wide Web 和其他网上服务的 HTML 文档中，JPEG 普遍用于显示图片和其他连续色调的图像文档。JPEG 格式支持 CMYK、RGB 和灰度颜色模式，不支持 Alpha 通道。与 GIF 格式不同，JPEG 格式文件保留 RGB 图像中的所有颜色信息，通过选择性地去掉数据来压缩文件。JPEG图像在打开时自动解压缩，高等级的压缩会导致较低的图像品质，低等级的压缩则产生较高的图像品质。在大多数情况下，采用"最佳"品质选项产生的压缩效果与原图几乎没有什么区别。

2.2.4　GIF 格式

　　GIF（Graphics Interchange Format，图形交换格式）是 Compuserve 公司所制定的格式。因为 Compuserve 公司开放使用权限，所以应用的范围很广泛，且适用于各种平台，并被众多软件所支持。现今的 GIF 格式仍只能达到 256 色，但它的 GIF 89a 格式能存储成透明化的形式，并且可以将数张图像存成一个文件，以形成动画效果。

　　在 World Wide Web 和其他网上服务的 HTML 文件中，GIF 文件格式普遍用于显示索引颜色图形和图像。GIF 是一种 LZW 压缩格式，用来最小化文件大小和电子传递时间。GIF 格式不支持 Alpha 通道，此种格式的文件是 8 位的压缩过的文件。它在网络上的传输速度比其他格式的文件的速度快得多，因此网络上多是采用这种格式的文件，但是它不能用来存储真彩的图像文件，因为它最多只有 256 种色彩。

　　使用"文件"菜单中的"存储为"命令，可以将位图模式（只用黑和白两种颜色表示图像像素的模式）、灰度模式或索引颜色模式（只用 256 种颜色表现图像颜色的模式）图像存储为 GIF 格式，并指定一种交错显示。交错显示的图像从 Web 下载时是以逐步增加的精度显示的，但这种模式会增加文件的大小，而且不能存储 Alpha 通道。

2.2.5　BMP 格式

　　BMP 是微软公司画图软件的专用格式，可以被多种 Windows 和 OS/2 应用程序所支持。

　　在存储 BMP 格式的图像文件时，还可以使用 RLE 压缩方案进行数据压缩。RLE 压缩方案是一种极其成熟的压缩方案，它的特点是无损压缩，它能节省磁盘空间而又不牺牲任何图像数据。它的弊端是打开此种压缩方式压缩过的文件时很慢，而且一些兼容性不太好的应用程序可能不支持这类文件。

2.2.6　EPS 格式

　　EPS 格式是专门为存储矢量图形而设计的，用于在 PostScript 输出设备上打印。Adobe 公司的 Illustrator 是绘图领域中一个极为优秀的软件，它既可以用来创建流动曲线，也可以用来创建专业级的精美图像，它的作品一般存储为 EPS 格式。Photoshop 也可以读取这种格式的文件，这样就可以与 Illustrator 相互交换 EPS 格式的文件了。但是，EPS 格式除了在 PostScript 打印机上比较可靠外，它也有许多缺陷：首先，用 EPS 格式存储图像的效率特别低；其次，EPS 格式的压缩方案也是比较差的，一般同样的图像经 TIFF 的 LZW 压缩后是 EPS 的 1/4～1/3。早期的 Illustrator 仅支持 EPS，这就给 Photoshop 与 Illustrator 之间的交流带来了很多麻烦，但随着高版本 Illustrator 的推出，这个问题将会逐步解决。

EPS 格式可以包含矢量图像和位图图像，几乎为所有的图形和页面排版程序所支持。在 Photoshop 中打开其他应用程序创建的包含矢量图形的 EPS 文件时，Photoshop 会对此文件进行栅格化，将矢量图形转换为位图图像。EPS 格式支持 Lab、CMYK、RGB、索引颜色、双色调、灰度和位图等颜色模式，但不支持 Alpha 通道。

2.2.7 PDF 格式

PDF 格式用于 Adobe Acrobat 中。Adobe Acrobat 是 Adobe 公司用于 Windows、Mac OS、UNIX 和 DOS 操作系统中的一种电子出版软件。使用与 PostScript 页面一样，PDF 文件可以包含矢量图形和位图图形，还可以包含电子文档的查找和导航功能，如电子链接等。

PDF 格式支持 RGB、索引颜色、CMYK、灰度、位图和 Lab 等颜色模式，但不支持 Alpha 通道。PDF 格式支持 JPEG 和 ZIP 压缩，但位图模式文件除外。位图模式文件在存储为 PDF 格式时采用 CCITT Group4 压缩。在 Photoshop 中打开其他应用程序创建的 PDF 文件时，Photoshop 会对文件进行栅格化。

2.2.8 PCX 格式

PCX 格式普遍用于 IBM PC 兼容计算机上。大多数 PC 软件都支持 PCX 格式版本 5。版本 3 文件采用标准 VGA 调色板，该版本不支持自定调色板。

PCX 格式可以支持 DOS 和 Windows 下绘图的图像格式，支持 RGB、索引颜色、灰度和位图颜色模式，不支持 Alpha 通道。PCX 支持 RLE 压缩方式，支持位深度为 1、4、8 或 24 的图像。

2.2.9 PNG 格式

PNG 格式是作为 GIF 的免专利替代品开发的，用于在 World Wide Web 上无损压缩和显示图像。目前有越来越多的软件开始支持这一格式，在不久的将来，它有可能在整个网络上流行。与 GIF 不同，PNG 支持 24 位图像，产生的透明背景没有锯齿边缘。PNG 图像可以是灰阶的活彩色的，为了缩小文件尺寸，它还可以是 8 位的索引色。PNG 使用新的、高速的交替显示方案，只要下载 1/64 的图像信息就可以显示出低分辨率的预览图像。PNG 格式不支持动画。

PNG 用存储的 Alpha 通道定义文件中的透明区域，以确保将文件存储为 PNG 格式之前删除那些不想要的 Alpha 通道。

2.3 | 颜色模式

　　彩色模式决定显示和打印电子图像的色彩模型（简单地说，色彩模型是用于表现颜色的一种数学算法），即一幅电子图像用什么样的方式在计算机中显示或打印输出。

　　常见的色彩模式包括位图模式、灰度模式、双色调模式、HSB（表示色相、饱和度、亮度）模式、RGB（表示红、绿、蓝）模式、CMYK（表示青、洋红、黄、黑）模式、Lab 模式、索引颜色模式、多通道模式以及 8 位/16 位模式，每种模式的图像描述和重现色彩的原理及所能显示的颜色数量是不同的。Photoshop 的颜色模式基于颜色模型，而颜色模型对于印刷中使用的图像非常有用。可以从以下模式中选取：RGB（红色、绿色、蓝色）、CMYK（青色、洋红、黄色、黑色）、Lab 颜色（基于 CIE L×a×b）和灰度。Photoshop 还包括用于特殊色彩输出的颜色模式，如索引颜色和双色调。

　　选择"图像"→"模式"命令，打开的子菜单如图 2-5 所示。其中包含了各种颜色模式命令，如常见的灰度、RGB 颜色、CMYK 颜色及 Lab 颜色等。

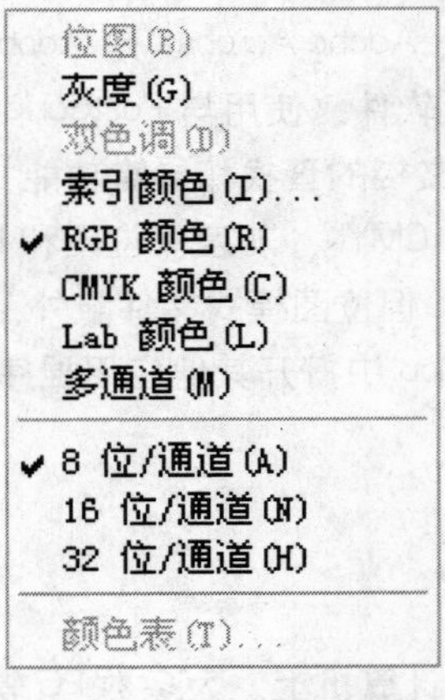

```
位图(B)
灰度(G)
双色调(D)
索引颜色(I)...
✓ RGB 颜色(R)
  CMYK 颜色(C)
  Lab 颜色(L)
  多通道(M)

✓ 8 位/通道(A)
  16 位/通道(N)
  32 位/通道(H)

颜色表(T)...
```

图 2-5 "模式"子菜单

2.3.1 RGB 图像模式

基本概念 （路径：光盘\MP3\什么是 RGB）

> Photoshop 的 RGB 颜色模式使用 RGB 模型，对于彩色图像中的每个 RGB（红色、绿色、蓝色）分量，为每个像素指定一个 0（黑色）～255（白色）之间的强度值。例如，亮红色可能 R 值为 246，G 值为 20，B 值为 50。

　　在不同的图像中，RGB 各个分量的成分也不尽相同，可能有的图中 R（红色）成分多一些，有的 B（蓝色）成分多一些。在计算机中，RGB 的所谓"多少"就是指亮度，并使用整数来表示。通常情况下，RGB 各有 256 级亮度，用数字表示为从 0～255。注意：虽然数字最高是 255，但 0 也是数值之一，因此共有 256 级。当这 3 个分量的值相等时，结果是中性灰色，如图 2-6 所示。

　　当所有分量的值均为 255 时，结果是纯白色，如图 2-7 所示。

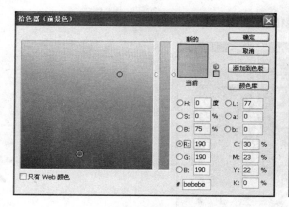

图2-6 中性灰

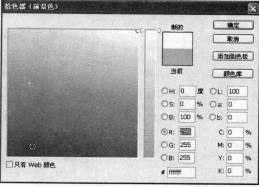

图2-7 纯白色

当所有分量的值都为 0 时，结果是纯黑色，如图 2-8 所示。
RGB 图像使用 3 种颜色或 3 个通道在屏幕上重现颜色，如图 2-9 所示。

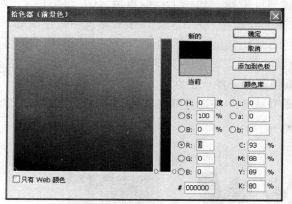

图2-8 纯黑色

图2-9 "通道"面板

这 3 个通道将每个像素转换为 24 位（8 位×3 通道）色信息。24 位图像可重现多达 1670 万种颜色，48 位图像（每个通道 16 位）可重现更多的颜色。新建的 Photoshop 图像的默认模式为 RGB，计算机显示器、电视机、投影仪等均使用 RGB 模式显示颜色。这意味着在使用非 RGB 颜色模式（如 CMYK）时，Photoshop 会将 CMYK 图像插值处理为 RGB，以便在屏幕上显示。

2.3.2 CMYK 颜色模式

基本概念（路径：光盘\MP3\什么是 CMYK 颜色模式）

　　CMYK 颜色模式是一种基于印刷油墨的颜色模式，具有青色、洋红、黄色和黑色等 4 个颜色通道，每个通道的颜色也是 8 位，即 256 种亮度级别，4 个通道组合使得每个像素具有 32 位的颜色容量，在理论上能产生 2 的 32 次方种颜色，由于目前的制造工艺还不能造出高纯度的油墨，CMYK 相加的结果实际上是一种暗红色，因此还需要加入一种专门的黑墨来中和。

CMYK 颜色模式下的"通道"面板如图 2-10 所示。

图 2-10　"通道"面板

　　CMYK 模式以打印纸上油墨的光线吸收特性为基础，当白光照射到半透明油墨上时，色谱中的一部分被吸收，而另一部分被反射回眼睛。理论上，纯青色（C）、洋红色（M）和黄色（Y）色素混合将吸收所有的颜色并生成黑色，因此 CMYK 模式是一种减色模式，即为最亮（高光）颜色指定的印刷油墨颜色百分比较低，而为较暗（暗调）颜色指定的百分比较高，如图 2-11 所示。例如，亮红色可能包含 2%青色、93%洋红、90%黄色和 0%黑色。因为青色的互补色是红色（洋红色和黄色混合即能产生红色），减少青色的百分含量，其互补色红色的成分也就越多，因此模式是靠减少一种通道颜色来加亮它的互补色，这显然符合物理原理。

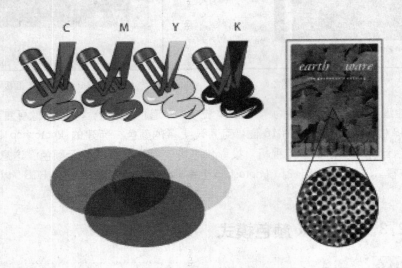

图 2-11　CMYK 颜色

　　CMYK 通道的灰度图和 RGB 类似。RGB 灰度表示色光亮度，CMYK 灰度表示油墨浓度，但两者对灰度图中的明暗有着不同的定义。

　　RGB 通道灰度图中较白表示亮度较高，较黑表示亮度较低，纯白表示亮度最高，纯黑表示亮度为零。RGB 模式下通道明暗的含义如图 2-12 所示。

图 2-12　RGB 图像及 RGB 模式下的通道

CMYK 通道灰度图中较白表示油墨含量较低，较黑表示油墨含量较高，纯白表示完全没有油墨，纯黑表示油墨浓度最高。CMYK 模式下通道明暗的含义如图 2-13 所示。

图 2-13　CMYK 图像及 CMYK 模式下的通道

在制作要用印刷色打印的图像时应使用 CMYK 模式，将 RGB 图像转换为 CMYK 即产生分色。如果从 RGB 图像开始，则最好首先在 RGB 模式下编辑，然后在处理结束时转换为 CMYK。在 RGB 模式下，可以选择"视图"→"校样设置"命令模拟 CMYK 转换后的效果，而无需真的更改图像的数据；也可以使用 CMYK 模式直接处理从高端系统扫描或导入的 CMYK 图像。

2.3.3　灰度图像模式

基本概念　（路径：光盘\MP3\什么是灰度模式）

所谓灰度图像就是指纯白、纯黑以及两者中的一系列从黑到白的过渡色。平常所说的黑白照片、黑白电视，实际上都应该称为灰度色才确切。灰度色中不包含任何色相，即不存在红色、黄色这样的颜色。灰度的通常表示方法是百分比，范围为 0%～100%。

在 Photoshop 中只能输入整数，百分比越高，颜色越偏黑，百分比越低，颜色越偏白。灰度最高相当于最高的黑，就是纯黑，灰度为 100% 的"颜色"面板如图 2-14 所示。

灰度最低相当于最低的黑，也就是没有黑，即纯白，灰度为 0% 的"颜色"面板如图 2-15 所示。

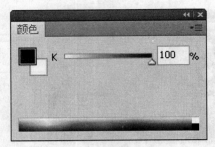 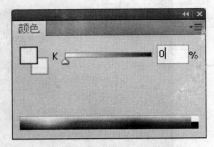

图 2-14　灰度为 100% 的"颜色"面板　　　图 2-15　灰度为 0% 的"颜色"面板

当灰度图像是从彩色图像模式转换而来时，灰度图像反映的是原彩色图像的亮度关系，即每个像素的灰阶对应着原像素的亮度。转换前后的效果如图 2-16 所示。

（a）彩色图像　　　　　　　　　　　　（b）灰度图像

图 2-16　模式转换前后的效果

灰度图像模式下只有一个描述亮度信息的通道，如图 2-17 所示。

图 2-17　灰度图像及其"通道"面板

2.3.4　位图图像模式

基本概念　（路径：光盘\MP3\什么是位图模式）

在位图模式下，图像的颜色容量是一位，即每个像素的颜色只能在两种深度的颜色中选择，不是黑就是白。相应的图像也由许多个小黑块和小白块组成，如图 2-18 所示。

选择"图像"→"模式"→"位图"命令，弹出"位图"对话框，从中可以设定转换过程中的减色处理方法，如图 2-19 所示。

图 2-18　位图模式

图 2-19　"位图"对话框

[**高手指点**：只有灰度图像模式下的图像才能转换为位图模式，其他颜色模式的图像必须先转换为灰度图像，然后才能转换为位图图像。]

● "分辨率"设置区：用于在输出中设定转换后图像的分辨率。

- "方法"设置区：在转换过程中可以使用5种减色处理方法。"50%阈值"会将灰度级别大于50%的像素全部转换为黑色，将灰度级别小于50%的像素全部转换为白色；"扩散仿色"会产生一种颗粒效果；"半调网屏"是商业中经常使用的一种输出模式；"自定义图案"可以根据定义的图案来减色，使得转换更为灵活自由。

- 在位图图像模式下，图像只有一个图层和一个通道，滤镜全部被禁用。

2.3.5 双色调图像模式

基本概念 （路径：光盘\MP3\什么是双色调模式）

双色调模式可以弥补灰度图像的不足。因为灰度图像虽然拥有256种灰度级别，但在印刷输出时，印刷机的每滴油墨最多只能表现出50种左右的灰度，这意味着如果只用一种黑色油墨打印灰度图像，图像将非常粗糙。灰度模式的图像如图2-20所示。

如果混合另一种、两种或3种彩色油墨，因为每种油墨都能产生50种左右的灰度级别，那么理论上至少可以表现出50种灰度级别，这样打印出来的双色调、三色调或四色调图像就能表现得非常流畅了。这种靠几盒油墨混合打印的方法被称之为"套印"，红色套印的双色调图像如图2-21所示。

图2-20　灰度模式图像　　　　　　　　　　图2-21　红色套印

以双色调套印为例，一般情况下，双色调套印应用较深的黑色油墨和较浅的灰色油墨进行印刷。黑色油墨用于表现阴影，灰色油墨用于表现中间色调和高光，但更多的情况是将一种黑色油墨与一种彩色油墨配合，用彩色油墨来表现高光区。利用这一技术能给灰度图像轻微上色。

因为双色调使用不同的彩色油墨重新生成不同的灰阶，因此在Photoshop中将双色调视为单通道、8位的灰度图像。在双色调模式中，不能像在RGB、CMYK和Lab模式中那样直接访问单个图像通道，而是通过"双色调选项"对话框中的曲线来控制通道的，如图2-22所示。

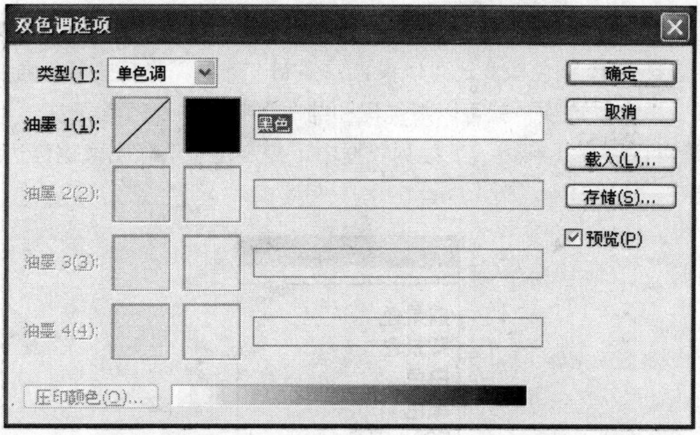

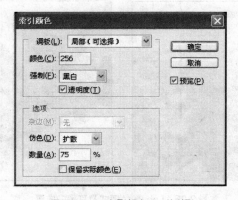

图 2-22　"双色调选项"对话框

- "类型"下拉列表框：用于从单色调、双色调、三色调和四色调中选择一种套印类型。
- "油墨"设置项：选择了套印类型后，即可在各色通道中用曲线工具调节套印效果。

2.3.6　索引颜色模式

基本概念　（路径：光盘\MP3\什么是索引模式）

索引颜色模式用最多 256 种颜色生成 8 位图像文件。当转换为索引颜色时，Photoshop 将构建一个颜色查找表，用以存放索引图像中的颜色。如果原图像中的某种颜色没有出现在该表中，程序将选取最接近的一种，或使用仿色来模拟该颜色。

索引颜色模式的优点是：它的文件可以做得非常小，同时保持视觉品质不单一，因此非常适于用来做多媒体动画和 Web 页面。在索引颜色模式下只能进行有限的编辑，若要进行进一步编辑，则应临时转换为 RGB 模式。索引颜色文件可以存储为 PSD、BMP、GIF、EPS、大型文档格式（PSB）、PCX、PDF、Photoshop Raw、Photoshop 2.0、PICT、PNG、Targa 或 TIFF 等格式。

选择"图像"→"模式"→"索引颜色"命令，即可弹出"索引颜色"对话框，如图 2-23 所示。

图 2-23　"索引颜色"对话框

- "面板"下拉列表框：用于选择在转换为索引颜色时使用的调色板。例如需要制作 Web 网页，则可选择 Web 调色板。还可以设置"强制"选项，将某些颜色强制加入到颜色表中。例如选择"黑白"选项，就可以将纯黑和纯白强制添加到颜色表中。
- "选项"设置区：在"杂边"下拉列表框中可指定用于消除图像锯齿边缘的背景色，如图 2-24 所示。

图 2-24 "杂边"下拉列表框

在索引颜色模式下，图像只有一个图层和一个通道，滤镜全部被禁用。

2.3.7 Lab 颜色模式

基本概念 （路径：光盘\MP3\什么是 Lab 模式）

　　Lab 颜色模式是在 1931 年国际照明委员会（CIE）制定的颜色度量国际标准模型的基础上建立的。1976 年，该模式经过重新修订后被命名为 CIE L×a×b。Lab 颜色与设备无关，无论使用何种设备（如显示器、打印机、计算机或扫描仪等）创建或输出图像，这种模式都能生成一致的颜色。

　　Lab 颜色是 Photoshop 在不同颜色模式之间转换时使用的中间颜色模式。

　　Lab 颜色模式将亮度通道从彩色通道中分离出来，成为一个独立的通道。将图像转换为 Lab 颜色模式，然后去掉色彩通道中的 a、b 通道而保留明度通道，就能获得 100% 逼真的图像亮度信息，得到 100% 准确的黑白效果，如图 2-25 所示。

图 2-25 Lab 颜色模式及其黑白效果

2.4 | 本章小结

　　本章主要系统地讲解了图像处理的相关知识，如常用的图形图像处理软件，图像的类型、格式和模式等，读者可以在现实操作中正确而快捷地选择合适的软件及方式来更好地工作。比如，制作需要打印的文件，在设置格式时就应选择 CMYK 格式，而在计算机中观看的图片只需存储为 RGB 格式即可；如果文件未制作完成就需要关闭，就需选择 PSD 格式等。

Chapter

03

Photoshop 基本操作

本章知识点

● 文件的基本操作　　　　● 使用辅助工具
● 查看图像　　　　　　　● 调整图像尺寸

本章开始讲解 Photoshop CS4 的工作环境、文件的基本操作以及图像的查看与图像尺寸的调整等基本操作，熟练掌握这些基本操作才能为后面的学习打下坚实的基础。

3.1 | 文件的基本操作

Photoshop CS4 的基本操作包括文件的新建、打开、保存以及一些基本的视图查看操作等。

3.1.1　新建文件

■ 任务导读

启动 Photoshop CS4 后，可以选择"文件"→"新建"命令新建一个文档，也可以按 Ctrl+N 组合键来新建一个文档。新建的空白文档如图 3-1 所示。

图 3-1　新建空白文档

■ **任务驱动**

新建文件的具体操作步骤如下。

01 选择〝文件〞→〝新建〞命令，打开〝新建〞对话框，如图 3-2 所示。

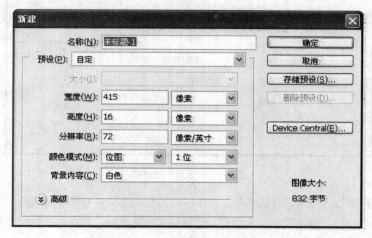

图 3-2　〝新建〞对话框

02 在〝新建〞对话框中进行如下参数设置，如图 3-3 所示。设置完毕后单击〝确定〞按钮，新建文件就完成了，效果如图 3-4 所示。

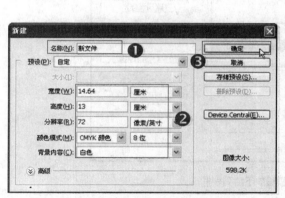

图 3-3　设置〝新建〞对话框的参数

图 3-4　新建的文件

■ **参数解析**

〝新建〞对话框中各基本参数说明如下，其对话框如图 3-5 所示。

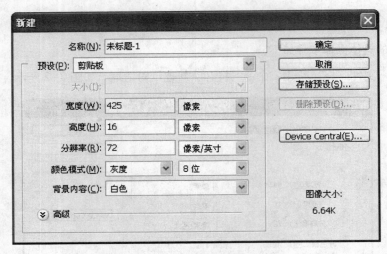

图 3-5 "新建"对话框

- 名称：可以输入新建文件的名称，也可以使用默认的文件名称"未标题-1"。创建文件后，名称会显示在图像窗口的标题栏中，在保存文件的时候，文件的名称也会自动显示在存储文件的对话框中。
- 预设：在该下拉列表框中可以选择系统预设的文件尺寸，如图 3-6 所示。

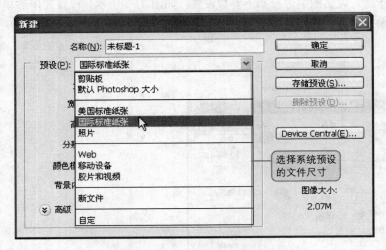

图 3-6 "预设"下拉列表框

- 宽度/高度：可输入新建文件的宽度和高度。在选项右侧的下拉列表框中可选择一种单位，包括"像素"、"英寸"、"厘米"、"毫米"、"点"、"派卡"和"列"。
- 分辨率：可输入文件的分辨率。在右侧的下拉列表框中可选择分辨率的单位，包括"像素/英寸"和"像素/厘米"。
- 颜色模式：在该下拉列表框中可选择文件的颜色模式，包括"位图"、"灰度"、"RGB 颜色"、"CMYK 颜色"和"Lab 颜色"。
- 背景内容：在该下拉列表框中可选择文件的背景内容，包括"白色"、"背景色"和"透明"。

高手指点：单击 按钮可显示扩展对话框，包括"颜色配置文件"和"像素长宽比"。

3.1.2 打开文件

■ 任务导读

要对文件进行操作首先需要打开现有文档。

■ 任务驱动

01 选择"文件"→"打开"命令，如图 3-7 所示。

02 系统弹出"打开"对话框，直接选择文件或者在"文件名"下拉列表框中输入文件的路径，单击"打开"按钮即可打开所选文件，如图 3-8 所示。

图 3-7 "打开"命令

图 3-8 "打开"对话框

高手指点：使用 Ctrl+O 组合键或在工作区域内双击都可打开"打开"对话框。

■ 使用技巧

单击"打开"对话框中的"查看"菜单图标 ，可以选择以缩略图的形式来显示图像，如图 3-9 所示。

图 3-9 单击"查看"菜单图标

3.1.3 保存文件

■ **任务导读**

用户可以用当前名称和位置保存 Photoshop CS4 文档，也可以用不同的名称、格式或位置保存文档。

■ **任务驱动**

01 要保存 Photoshop 文件，可执行下列操作之一。

- 要覆盖磁盘上的当前文件，可选择"文件"→"存储"命令。
- 要将文档保存到不同的位置、格式或以不同的名称保存文档，或者要压缩文档，可选择"文件"→"存储为"命令。

02 如果选择"存储为"命令，或者以前从未保存过该文档，则应在弹出如图 3-10 所示的"存储为"对话框的"文件名"下拉列表框中输入文件名，并在"格式"下拉列表框中选择格式。

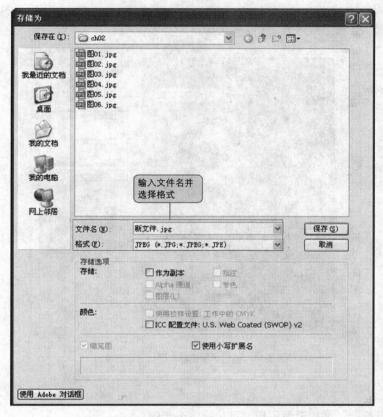

图 3-10　"存储为"对话框

03 单击"保存"按钮。

3.2 | 查看图像

　　在处理图像的时候，用户会频繁地在图像的整体和局部之间来回切换，通过对整体的把握和对局部的修改来达到最终的完美效果。Photoshop CS4 提供了一系列图像查看命令，用于完成这一系列的操作。

3.2.1　使用导航器查看

■ 任务导读

　　在"导航器"面板中可以缩放图像，也可以移动画布。在需要按照一定的缩放比例工作时，如果画面中无法完整显示图像，可以通过"导航器"面板来查看图像，如图 3-11 所示。

图 3-11　通过"导航器"面板查看图像

■ 任务驱动

要使用"导航器"面板查看图像，可执行以下步骤。

01 选择"文件"→"打开"命令，打开"光盘\素材\ch03\图 01.jpg"图像，如图 3-12 所示。

02 选择"窗口"→"导航器"命令，打开"导航器"面板。拖动"导航器"面板上的缩放滑块来将图像放大到 149.18%，效果如图 3-13 所示。

图 3-12　素材"图 01"

拖动缩放滑块

图 3-13　放大图片

■ **参数解析**

"导航器"面板中各基本参数如下，其面板如图 3-14 所示。

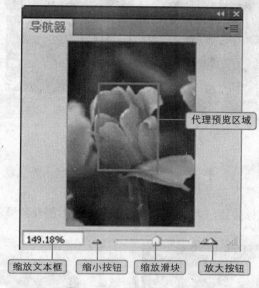

图 3-14　"导航器"面板

- 通过按钮缩放图像：单击"放大"按钮 ▲ 可以放大图像的显示比例，单击"缩小"按钮 ▲ 可以缩小图像的显示比例。
- 通过滑块缩放图像：拖动缩放滑块可放大或缩小图像的显示比例。
- 通过数值缩放对象：缩放文本框中显示了图像的显示比例，在文本框中输入数值可以改变图像的显示比例。
- 移动画面：放大图像的显示比例后，将光标移至面板中代理预览区域内，光标会显示为 ✋ 状，单击并拖动鼠标可以移动画面，代理预览区域内的图像将位于图像窗口的中心。

> **高手指点**：选择"导航器"面板菜单中的"面板选项"命令，可以在打开的对话框中修改代理预览区域矩形框的颜色。

3.2.2　使用缩放工具查看

■ **任务导读**

利用缩放工具可以实现对图像的缩放查看。使用缩放工具拖曳出想要放大的区域即可对局部区域进行放大，也可以利用快捷键来实现。

■ **任务驱动**

使用缩放工具查看图像的具体操作步骤如下。

01 选择"文件"→"打开"命令，打开"光盘\素材\ch03\图 02.jpg"图像，如图 3-15 所示。

图 3-15　素材 **"图 02"**

02 选择"缩放工具" ，将光标移至画面，光标会显示为 状，单击鼠标可以整体放大图像，如图 3-16 所示。

03 按住 Alt 键，光标会显示为 状，单击鼠标可缩小图像的显示比例，如图 3-17 所示。

图 3-16　放大图像

图 3-17　缩小图像

■ **参数解析**

缩放工具的选项栏如图 3-18 所示，其中包含了该工具的控制选项。

图 3-18　缩放工具的选项栏

- 放大 ：单击该按钮后，在图像窗口单击鼠标可以放大图像的显示比例。
- 缩小 ：单击该按钮后，在图像窗口单击鼠标可以缩小图像的显示比例。
- 调整窗口大小以满屏显示：选中该复选框后，在缩放图像的同时将自动调整窗口的大小。
- 缩放所有窗口：选中该复选框后，可以同时缩放所有打开的图像。
- 实际像素：单击该按钮，图像将以实际像素，即以 100% 的比例显示，也可以双击工具箱中的缩放工具来进行同样的调整。
- 适合屏幕：单击该按钮，可以在窗口以最大化显示完整的图像，也可以双击工具箱中的抓手工具来进行同样的调整。
- 填充屏幕：单击该按钮，缩放当前窗口以适合屏幕。

● 　打印尺寸：单击该按钮，可以按照实际打印的尺寸显示图像。

3.2.3　使用抓手工具查看

在编辑图像的过程中，如果图像较大，或者由于放大图像的显示比例，而不能在画面中完全显示图像，可以使用"抓手工具" 🖐 移动画面，以便查看图像的不同区域，如图 3-19 所示。

图 3-19　利用抓手工具移动画面

3.3 | 使用辅助工具

辅助工具的主要作用是辅助操作，用户可以利用辅助工具提高操作的精确度，提高工作的效率。在 Photoshop 中，用户可以利用参考线、网格和标尺等工具来完成辅助操作。

3.3.1　使用标尺

■ 任务导读

标尺可以帮助用户确定图像或元素的位置，显示标尺后，标尺会出现在顶部和左侧，移动光标时，标尺内的标记会显示光标的精确位置。修改标尺的原点位置，可以从图像上的特定点开始进行测量，如图 3-20 所示。

图 3-20　使用标尺

■ **任务驱动**

可以使用以下步骤显示标尺来定位图像。

01 选择"文件"→"打开"命令，打开"光盘\素材\ch03\图04.jpg"图像，如图3-21所示。

02 选择"视图"→"标尺"命令，显示标尺，在默认状态下，标尺的原点位于窗口的左上角，即左上角标尺上的（0，0）标志，如图3-22所示。

图3-21 素材"图04"

图3-22 标尺原点

03 将光标移至标尺原点，单击并向右下方拖动鼠标，画面中会显示出十字线，如图3-23所示，放开鼠标后，该处便成为原点新位置，如图3-24所示。

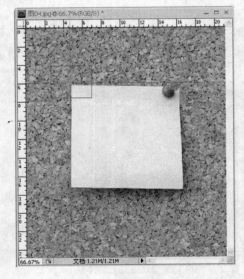

图3-23 移动标尺原点

图3-24 改变标尺原点

【 **高手指点**：在定位原点的过程中，按住 Shift 键可以使标尺原点与标尺刻度记号对齐。 】

04 恢复标尺原点，将光标移至水平标尺与垂直标尺交界区（即原点的默认位置），如图 3-25 所示，双击鼠标即可将原点恢复为默认的位置，如图 3-26 所示。

图 3-25 移动标尺原点　　　　　　　　　　图 3-26 恢复标尺原点

3.3.2 使用网格

网格对于对称地布置图像很有用。选择"视图"→"显示"→"网格"命令或按 Ctrl+′组合键，即可将网格显示出来。网格在默认的情况下显示为不打印出来的线条，但也可以显示为点。使用网格可以查看和跟踪图像扭曲的效果。

- 以线条方式显示的网格如图 3-27 所示。
- 以点方式显示的网格如图 3-28 所示。

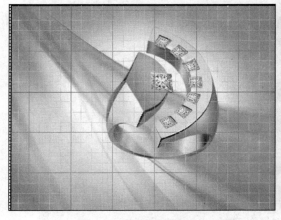

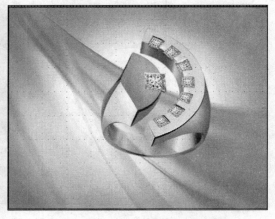

图 3-27 以线条方式显示的网格　　　　　　图 3-28 以点方式显示的网格

可以选择"编辑"→"首选项"→"参考线、网格和切片"命令，通过打开的"首选项"对话框来设定网格的大小和颜色，如图 3-29 所示。

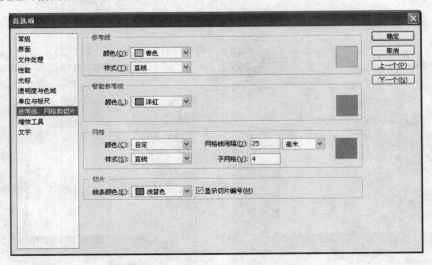

图 3-29 "首选项"对话框

选择"视图"→"对齐到"→"网格"命令，然后拖曳选区、选区边框和工具，如果拖曳的距离小于 8 个屏幕（不是图像）像素，那么它们将与网格对齐。

3.3.3 使用参考线

■ **任务导读**

参考线用于精确地确定图像或元素的位置。参考线显示为浮动在图像上方的一些不会打印出来的线条，用户可以移动或移去参考线，也可以锁定参考线，以防止将它们意外移动，如图 3-30 所示。

图 3-30 参考线定位

■ **任务驱动**

要使用参考线，可执行以下步骤。

01 选择"文件"→"打开"命令，打开"光盘\素材\ch03\图 05.jpg"图像，如图 3-31 所示。

02 选择"视图"→"标尺"命令，显示标尺，如图 3-32 所示。

图 3-31 素材 "图 05"

图 3-32 显示标尺

03 将光标移至水平标尺上，如图 3-33 所示，单击并向下拖动鼠标，可拖曳出水平参考线，使用同样的方法可拖曳出垂直参考线，如图 3-34 所示。

图 3-33 将光标移到水平标尺上

图 3-34 创建参考线

04 选择"移动工具" ，将光标移至创建的参考线上，光标会显示为 状，单击并拖动鼠标可以移动参考线，如图 3-35 所示。

05 将参考线拖至图像窗口外，可以将参考线清除，如图 3-36 所示。如果要删除所有参考线，可以选择"视图"→"清除参考线"命令。

图 3-35　移动参考线

图 3-36　清除参考线

■ 使用技巧

　　选择＂视图＂→＂新建参考线＂命令，打开＂新建参考线＂对话框，如图 3-37 所示。在对话框中输入数值，可以在指定位置创建参考线。

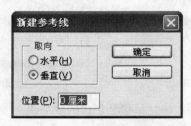

图 3-37　＂新建参考线＂对话框

- 水平：选中该单选按钮，可以创建水平参考线。
- 垂直：选中该单选按钮，可以创建垂直参考线。
- 位置：用来设置水平或垂直参考线在画面中的位置。

3.4 | 调整图像尺寸

扫描或导入图像以后，用户还需要调整其大小，以能够满足实际操作的需要。

3.4.1 调整图像大小

■ **任务导读**

调整图像大小可以便于图像的存储和打印需要。用户可以使用"图像大小"对话框来调整图像的像素大小、文档大小和分辨率，如图 3-38 所示。

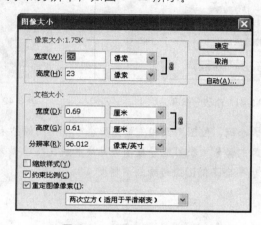

图 3-38 "图像大小"对话框

■ **任务驱动**

要调整图像大小，可执行以下步骤。

01 选择"文件"→"打开"命令，打开"光盘\素材\ch03\图 06.jpg"图像，如图 3-39 所示。

02 选择"图像"→"图像大小"命令，打开"图像大小"对话框，如图 3-40 所示。

图 3-39 素材"图 06"

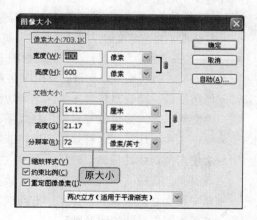

图 3-40 "图像大小"对话框

03 在"文档大小"选项区中设置"分辨率"为 10，如图 3-41 所示，单击"确定"按钮，效果如图 3-42 所示。

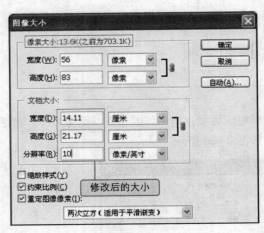

图 3-41　修改分辨率　　　　　　　　图 3-42　修改后的图像

> **高手指点：** 在调整图像大小时，位图图像和矢量图形会产生不同的结果。位图图像与分辨率有关，因此更改位图图像的像素大小可能导致图像品质和锐化程度损失；相反，矢量图形与分辨率无关，调整其大小不会降低图像边缘的清晰度。

■ 参数解析

"图像大小"对话框包括"像素大小"和"文档大小"等，其参数设置如下。

- "像素大小"设置区：在此输入"宽度"值和"高度"值。如果要输入当前尺寸的百分比值，应选择"百分比"作为度量单位。图像的新文件大小会出现在"图像大小"对话框的顶部，而旧文件大小则在括号内显示。

- "缩放样式"复选框：如果图像带有应用了样式的图层，则可选中"缩放样式"复选框，在调整大小后的图像中，图层样式的效果也被缩放。只有选中了"约束比例"复选框，才能使用此复选框。

- "约束比例"复选框：如果要保持当前像素宽度和像素高度的比例，则应选中"约束比例"复选框。更改高度时，该选项将自动更新宽度，反之亦然。

- "重定图像像素"复选框：在其后面的下拉列表框中包括"邻近"、"两次线性"和"两次立方"、"两次立方较平滑"、"两次立方较锐利"5 个选项。选择"邻近"选项，速度快但精度低。建议对包含未消除锯齿边缘的插图使用该方法，以保留硬边缘并产生较小的文件。该方法可能导致锯齿状效果，在对图像进行扭曲或缩放时，或在某个选区上执行多次操作时，这种效果会变得非常明显。选择"两次线性"选项可对中等品质方法使用两次线性插值。选择"两次立方"选项，速度慢但精度高，可得到最平滑的色调层次。选择"两次立方较平滑"选项，在两次立方的基础上，适用于放大图像。选择"两次立方较锐利"选项，在两次立方的基础上，适用于图像的缩小，用于保留更多在重新取样后的图像细节。

3.4.2 调整画布大小

■ 任务导读

　　使用 "画布大小" 命令可以修改画布的大小，它在增大画布大小时可在图像周围添加空白区域，在减小画布时则裁剪图像，如图 3-43 所示。

图 3-43 增大和减小的画布

■ 任务驱动

　　要改变画布大小，可执行以下步骤。

　01　选择 "文件" → "打开" 命令，打开 "光盘\素材\ch03\图 07.jpg" 图像，如图 3-44 所示。

　02　选择 "图像" → "画布大小" 命令，打开 "画布大小" 对话框，如图 3-45 所示。

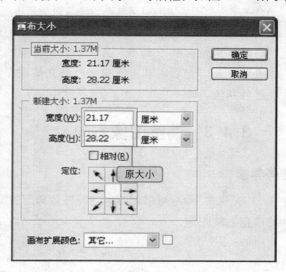

图 3-44 素材 "图 07"　　　　　　　　图 3-45 "画布大小" 对话框

[03] 在"新建大小"选项区中设置"宽度"为 18，设置"高度"为 24，如图 3-46 所示。单击"确定"按钮，在弹出的提示对话框中单击"继续"按钮，最终效果如图 3-47 所示。

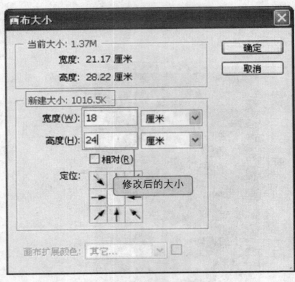

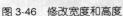

图 3-46　修改宽度和高度

图 3-47　修改后的图像

■ **参数解析**

"画布大小"对话框包括"当前大小"和"新建大小"选项区，其参数设置如下。

- 在"宽度"和"高度"文本框中输入想要的画布尺寸。从"宽度"和"高度"文本框后边的下拉列表框中选择所需的度量单位。
- 选中"相对"复选框，然后在"宽度"和"高度"文本框内输入希望画布增加或减少的数量（输入负数将减小画布大小）。
- 对于"定位"来说，单击某个方块可以指示现有图像在新画布上的位置。
- 从"画布扩展颜色"下拉列表框中选择一个选项："前景"选项表示用当前的前景颜色填充新画布；"背景"选项表示用当前的背景颜色填充新画布；"白色"、"黑色"或"灰色"选项表示用所选颜色填充新画布；"其他"选项可使用拾色器选择新画布的颜色。

3.4.3　调整图像方向

■ **任务导读**

使用"旋转画布"命令可以对图像进行任意角度的旋转，也可以修改倾斜的图像。如图 3-48 所示为修改前后的图像。

图 3-48　修改前后的图像

■ **任务驱动**

旋转倾斜的图像的具体操作步骤如下。

01 选择 "文件" → "打开" 命令，打开 "光盘\素材\ch03\图 08.jpg" 图像，如图 3-49
所示。

02 在 "图层" 面板的 "背景" 图层上双击，为 "背景" 图层解锁，将其变为 "图层 0"，
如图 3-50 所示。

图 3-49　素材 "图 08"　　　　　　　　图 3-50　为图层解锁

03 选择〝编辑〞→〝自由变换〞命令，出现界定框，用鼠标旋转界定框来调整倾斜的图像，如图 3-51 所示，调整完毕后，按 Enter 键确定，如图 3-52 所示。

图 3-51　旋转图像

图 3-52　调整后的图像

04 利用〝裁剪工具〞 对画面进行修剪，如图 3-53 所示，确定区域后，按 Enter 键确定，如图 3-54 所示。

图 3-53　裁剪图像

图 3-54　调整后的图像

3.5 | 本章小结

　　本章主要介绍了文件的基本操作、图像的查看、图像尺寸的调整等，使读者对 Photoshop CS4 的功能和方法有大体的了解。初次学习的读者可能会觉得里面的一些语言难以琢磨，不好理解。"万事开头难"，希望读者继续下面的学习，通过不断地学习和实际练习，当对 Photoshop 有了一定的熟悉时，再返回来阅读本章的内容，就会有一个全新的认识。

Chapter

04

图像选择和图像修补

本章知识点

● 使用选择工具
● 使用润色工具

Photoshop CS4 在图像的选取和数码照片的润色等方面有着无可比拟的优势。本章将结合实例介绍图像的选取和数码照片的润色方法。

4.1 | 使用选择工具

在 Photoshop CS4 中可以使用特定的工具选择图像中想要的区域，然后对其进行必要的编辑。

虽然创建选区不是什么高科技，但看到 Photoshop 为此任务所提供的大量工具时，选择一个或多个合适的工具可以快速地创建精确的选区。例如，可以使用魔棒工具选择一个纯色区域，然后使用套索工具选择想要添加到该选区的另一个区域，还可以使用选区工具从选区中删除区域。

4.1.1 使用魔棒工具更换天空背景

■ 任务导读

如图 4-1 左图所示是别墅的原始照片，包括单调的天空和粉刷的外墙。要使别墅照片更吸引人，就需要选择天空，将其替换为其他照片中更吸引人的天空，如图 4-1 右图所示。要选择大块的纯色区域，可以使用魔棒工具。

图 4-1　示例效果前后对比

■ **任务驱动**

使用魔棒工具选择大块纯色区域的具体操作步骤如下。

01 选择"文件"→"打开"命令,打开"光盘\素材\ch04\别墅.jpg"图像,如图4-2
所示。

图 4-2 "打开"对话框

02 选择魔棒工具,在选项栏中使用默认的容差值,如图4-3所示。

图 4-3 使用默认的容差值

> **高手指点**:实际容差取决于要选择区域的色相有多接近。只有通过试验才能知道哪种容差值最适合给定的情况。可以从默认值开始并查看所选区域的大小。如果选择的区域过大,就减小容差值;如果选择的区域过小,则增大容差值。

03 单击房子上方的蓝色区域,所选区域的边界以框区形式显示,如图4-4所示。

04 这时可以看见房子右侧有未选择的区域,按住 Shift 键单击该蓝色区域可以进行加选,如图4-5所示。

05 为选区填充一个渐变颜色即可达到更好的天空效果。单击工具栏上的"渐变工具" ,然后单击选项栏上的 图标,利用弹出的"渐变编辑器"窗口来设置渐变颜色,如图4-6所示。

图 4-4　单击蓝色区域

图 4-5　按住 Shift 键加选选区

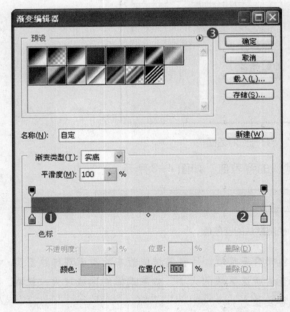

图 4-6　天空的渐变效果

　　这里选择默认的线性渐变，将前景色设置为 RGB（38，123，203），即深蓝色，背景色设置为 RGB（153，212，252），即浅蓝色，然后使用鼠标从上向下拖曳进行填充即可。

■ 应用工具

　　魔棒工具可以自动选择颜色一致的区域，不必跟踪其轮廓，特别适用于选择颜色相近的区域。魔棒工具在 Photoshop 工具栏的位置如图 4-7 所示。

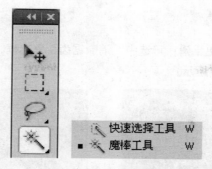

图 4-7　魔棒工具的位置

■ **参数解析**

使用魔棒工具时，可以对魔棒工具的基本参数进行设置，其选项栏如图 4-8 所示。

图 4-8　魔棒工具的选项栏

1．选区的加减

- ■ ：创建新选区（快捷键为 M）。
- ▣ ：在现有选区中添加选区（在已有选区的基础上按住 Shift 键）。
- ▣ ：在现有选区中减去选区（在已有选区的基础上按住 Alt 键）。
- ▣ ：选择与原有选区交叉的区域（在已有选区的基础上同时按住 Shift 键和 Alt 键）。

2．容差

利用"容差"文本框可以设置色彩范围，输入值的范围为 0～255，单位为像素。输入较高的值可以选择更宽的色彩范围。如图 4-9 所示为容差分别为 10、50 和 100 时在同一处选取得到的不同效果。

图 4-9　容差分别为 10、50 和 100 时的选取效果

3．消除锯齿

若要使所选图像的边缘更平滑，可选中"消除锯齿"复选框。不选中和选中"消除锯齿"复选框的效果对比如图 4-10 所示。

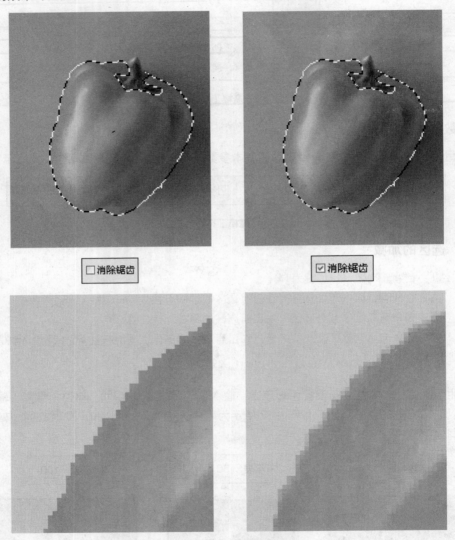

图 4-10　不选中和选中"消除锯齿"复选框的效果对比

> **高手指点**：不选中后将选择的区域放大 800 倍后，可以看到边缘锯齿；选中后将选择的区域放大 800 倍后，可以看到边缘通过渐变柔化了。

4．连续

"连续"复选框用于选择相邻的区域。选中"连续"复选框只能选择具有相同颜色的相邻区域。不选中"连续的"复选框，则可使具有相同颜色的所有区域图像都被选中，效果对比如图 4-11 所示。

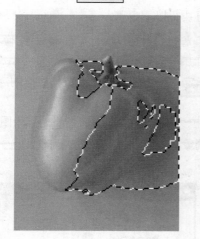

图 4-11 不选中和选中"连续"复选框的效果对比

5. 对所有图层取样

要使用所有可见图层中的数据选择颜色，可选中"对所有图层取样"复选框，否则魔棒工具将只能从当前图层中选择图像。

> 高手指点：不能在位图模式的图像中使用魔棒工具。

4.1.2 使用"色彩范围"命令调整照片背景

■ 任务导读

在 Photoshop CS4 中，用户可以使用"色彩范围"命令来完成背景的精确选择。如图 4-12 所示显示了人物站在枯燥的灰色背景前的原始照片。使用曲线调整图层使背景变亮，调整后的效果如图 4-13 所示。

图 4-12　原始照片　　　　　　　　　　　　图 4-13　调整后的效果

■ **任务驱动**

要使用"色彩范围"命令选择纯色背景，可执行以下步骤。

01 选择"文件"→"打开"命令，打开"光盘\素材\ch04\人像.jpg"图像。

02 选择"选择"→"色彩范围"命令，打开"色彩范围"对话框，如图 4–14 所示。

03 接受系统默认的"选择"选项。如果指定了"选区预览"下拉列表框的选项，则可在对话框中显示选区。

04 选择图像中的背景，从"选区预览"下拉列表框中选择"黑色杂边"，如图 4–15 所示。此选项能够轻松地获得想要的选区，因为图像的蒙版(受保护)区域呈现为纯黑色。如果选择暗色，则可选择"白色杂边"或"快速蒙版"选项。

图 4-14 "色彩范围"对话框

图 4-15 调整色彩范围

05 使用吸管工具创建选区，对图像中想要的区域进行取样。如果选区不是想要的，可使用"添加到取样"吸管向选区添加色相或使用"从取样中减去"吸管从选区中删除某种颜色。

> **高手指点**：用户也可以在想要添加到选区的颜色上按 Shift 键并单击吸管工具以添加选区，还可以在想要从选区删除某种颜色时按 Alt / Option 键并单击吸管工具。

06 使用"颜色容差"滑块确定选区与取样颜色的近似程度。此选项与使用魔棒工具更改容值类似。指定低值可缩小色彩范围选区，指定高值可增大色彩范围选区。

本例需要选择的颜色相似，所以向左拖动滑块以指定低值。拖动滑块时，对话框将实时更新，显示选中的区域。如果已启用一种预览方式，则图像的预览也会更新。

07 要完成选区，单击"确定"按钮即可。图 4-16 显示了向使用"色彩范围"命令创建的选区应用"曲线"调整图层后的图像。

调整后的白色背景效果

图 4-16　最终效果

高手指点：按 Q 键切换到"快速蒙版"模式后，图像中未被选中的区域会显示一个红色覆盖层，此时可以使用带有柔和边缘的油漆桶工具将想要添加到选取的区域填充白色，或者将想从选区中删除的区域填充黑色。在魔棒工具中使用这种相同的技术也可以修改选区模式。

■　**应用工具**

　　使用"色彩范围"命令可以对图像中的现有选区或整个图像内需要的颜色或颜色子集进行选择。"色彩范围"命令的位置如图 4-17 所示。

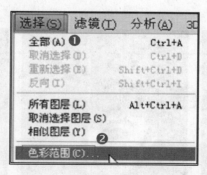

图 4-17　"色彩范围"命令的位置

■　**参数解析**

　　1．选择范围/图像

　　这里介绍"色彩范围"对话框中的"选择范围"选项和"图像"选项，以便了解"色彩范围"命令的灰度图像与色彩图像。如图 4-18 所示，选中"图像"单选按钮，对话框显示的是正常的图像。

　　选中"选择范围"单选按钮，图像就会呈黑白显示，如图 4-19 所示。透白的部分为选择的区域，越白的部分，所含的色素越饱和，越黑的部分，所含的色素越稀少。

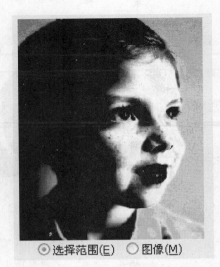

图 4-18　选中"图像"的效果　　　　　　图 4-19　选中"选择范围"的效果

2．选择

"色彩范围"对话框中的"选择"下拉列表框中有 11 个选项，例如选择"红色"选项，那么整个图像中含有红色的区域将被选中。其他选项同理。

3．取样颜色

使用取样颜色工具单击要选择的颜色，即可在图像中选取含有此种颜色的区域。取样颜色工具有 3 种：🖋重新选取颜色、🖋添加选取的颜色、🖋减少选取的颜色，设置效果如图 4-20所示。

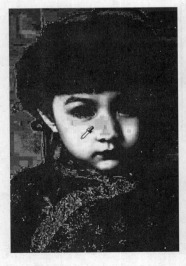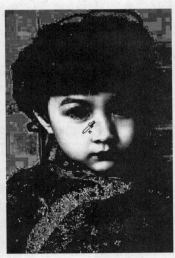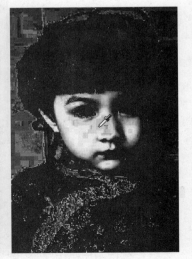

图 4-20　使用取样颜色工具的效果

4．颜色容差

拖动"颜色容差"滑块或输入 0～200 之间的数值，可以调整颜色范围。若要减小选中的颜色范围，应减小输入值。应用"颜色容差"选项可以部分选择图像，它是通过输入值控制颜色包含在选区中的程度达到这一效果的，使用效果如图 4-21 所示。

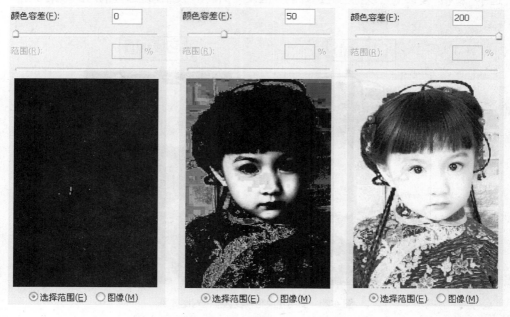

图 4-21 使用不同"颜色容差"的效果对比

5. 选区预览

使用"选区预览"选项可以预览图像的效果，有助于在图像选择的过程中没有达到理想效果时及时地进行修正。"选区预览"选项中的"无"选项表示没有预览。使用"选区预览"选项可以预览图像的效果，如图 4-22 所示。

选区预览(T)：灰度　：按选区在灰度通道中的外观显示选区。

选区预览(T)：黑色杂边　：在黑色背景上用彩色显示选区。

选区预览(T)：白色杂边　：在白色背景上用彩色显示选区。

选区预览(T)：快速蒙版　：使用当前的快速蒙版设置显示选区。

图 4-22 使用不同的"选区预览"的效果对比

6. 反相

选中"反相"复选框可以把已经选好的范围反转。使用"反相"复选框的对比效果如图4-23所示。

□ 反相(I)

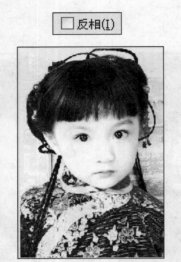

☑ 反相(I)

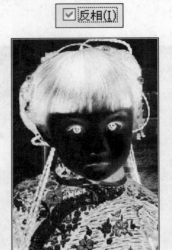

图4-23 使用 **"反相"** 复选框的对比效果

7. 存储/载入

单击"存储"按钮，可以对当前的设置进行存储，即将其存储为*.axt文件。单击"载入"按钮可以打开"载入"对话框，从中选择打开的*.axt文件，可以重新使用设置。

4.1.3 使用套索工具调整花卉颜色

■ 任务导读

如果需要改变一朵花的颜色，可以使用套索工具选择花的不规则边缘。本示例效果前后对比如图4-24所示。

图4-24 示例效果前后对比

■ **任务驱动**

要使用套索工具创建选区，可执行以下步骤。

01 选择"文件"→"打开"命令，打开"光盘\素材\ch04\菊花.jpg"图像。

02 选择"套索工具" ⮾。

03 在选项栏中指定"羽化"值。

此值用于确定要使用的像素数量，将选区与周边的像素进行混合。默认值 0 表示不混合选区。

04 在想要选择的区域周围拖动工具，然后释放鼠标，闭合选区，选区即显示出来，如图4-25 所示。

05 选区创建完成后，选择"图像"→"调整"→"色相/饱和度"命令调整菊花的颜色。本例中只调整黄色菊花，所以在"色相/饱和度"对话框的"编辑"下拉列表框中选择"黄色"选项，这样可以只调整图像中的黄色部分，如图 4-26 所示。

图 4-25 使用套索工具进行选择

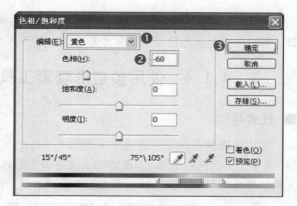

图 4-26 "色相/饱和度"对话框

■ **应用工具**

应用套索工具可以方便、随意地手绘选区。套索工具的位置如图 4-27 所示。

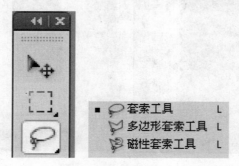

图 4-27 套索工具的位置

■ **使用技巧**

在使用套索工具创建选区时，如果释放鼠标时起点和终点没有重合，系统会在它们之间创建一条直线来闭合选区，如图 4-28 所示。

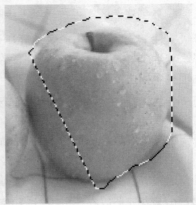

图 4-28　套索工具的使用

　　在使用套索工具创建选区时，按住 Alt 键然后释放鼠标左键，此时可切换为多边形套索工具，移动鼠标至其他区域单击可绘制直线，放开 Alt 键又可恢复为套索工具。

4.1.4　使用多边形套索工具替换照片图像

■ 任务导读

　　多边形套索工具允许通过定义选区中的每个点来定义选区。Photoshop 在点之间创建直线段，用于定义选区的边缘。下面的例子使用多边形套索工具在一个蓝色大门对象周围创建选区，并将其替换为另一扇白色的门。本示例效果前后对比如图 4-29 所示。

图 4-29　示例效果前后对比

■ 任务驱动

　　要使用多边形套索工具创建选区，可执行以下步骤。

01 选择″文件″→″打开″命令，打开″光盘\素材\ch04\大门.jpg″和″白色大门.jpg″图像。

02 选择″多边形套索工具″ ，再选取白色大门。

> **高手指点：** 虽然可以为多边形套索工具在选项栏中指定″羽化″值，但这不是最佳实践，因为该工具在更改″羽化″值之前仍保留该值。如果发现需要羽化用多边形套索工具创建的选区，可选择″选择″→″羽化″命令并为选区指定合适的羽化值。

03 单击定义选区的起点。如果正在选择大图像中的一个小对象，则可以适当地放大图像。

04 单击为选区创建其他点。添加点时，在刚创建的点和上一次创建的点之间会出现一条直线。

> **高手指点：** 添加足够的点可以更精确地选择对象。

05 双击完成选区，效果如图 4-30 所示。

06 使用鼠标将选区内的白色大门拖曳到蓝色大门的图像中即可，如图 4-31 所示。

图 4-30　选择大门的效果　　　　　　　图 4-31　拖曳白色大门的效果

07 选择″编辑″→″自由变换″命令调整白色大门的大小，使其正好覆盖蓝色大门。

> **高手指点：** 把选区或层从一个文档拖向另一个文档时，按住 Shift 键可以使其在目的文档上居中。如果源文档和目的文档的大小（尺寸）相同，则所拖动的元素会被放置在与源文档位置相同的地方(而不是放在画布的中心)。如果目的文档包含选区，所拖动的元素会被放置在选区的中心。

■ 应用工具

多边形套索工具可绘制选区的直线边框，适合绘制多边形选区，位置如图 4-32 所示。

图 4-32 多边形套索工具的位置

■ **使用技巧**

选择"多边形套索工具" ⌇，单击图像上的一点作为起始点，松开鼠标，选择直线的另一点，然后按下鼠标左键确定这一点，再重复选择其他直线点，最后汇合到起始点或者双击鼠标就可以自动地闭合选区。

4.1.5 使用磁性套索工具改变衣服色彩

■ **任务导读**

磁性套索工具通过连接拖动工具时经过的区域来创建选区。指定该工具的"边对比度"值，可确定像素与周边区域间必须存在的对比度，使工具可识别作为边缘部分的像素。使用磁性套索工具经常可以选择一块布料，然后更改其颜色。本示例效果的前后对比如图 4-33 所示。

图 4-33 示例效果前后对比

■ **任务驱动**

要使用磁性套索工具创建选区，可执行以下操作。

[01] 选择"文件" → "打开"命令，打开"光盘\素材\ch04\时装秀.jpg"图像。

02　选择〝磁性套索工具〞 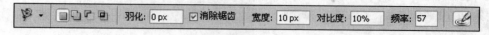 。

03　在选项栏中接受〝羽化〞的默认值为 0，并接受默认的〝消除锯齿〞复选框，如图 4-34 所示。使用工具创建选区时，一般都不羽化选区。如果需要，可在完成选区后使用〝羽化〞命令羽化选区。

图 4-34　选项栏的设置

04　在选项栏中输入〝宽度〞值。此值用于确定工具从光标处开始取样的区域（以像素为单位）。〝宽度〞值设置的效果对比如图 4-35 所示。

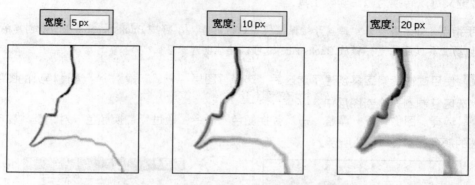

图 4-35　〝宽度〞值设置效果对比

05　在选项栏中指定〝对比度〞值。如果所选对象的边具有低对比度，则指定低值；如果有高对比度，则指定高值。

06　在选项栏中指定〝频率〞值。此值用于确定工具创建锚点的频率。低值创建点的频率较低；高值创建点的频率较高。如果选择的对象有许多曲线，并经常改变方向，则可指定一个高值。〝频率〞设置效果对比如图 4-36 所示。

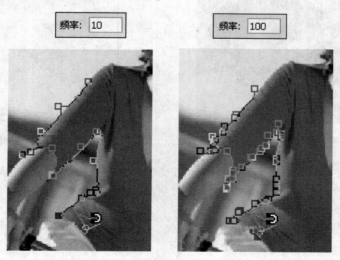

图 4-36　〝频率〞设置效果对比

07 如果正在使用数码绘图板创建选区，可选择"使用绘图板压力以更改钢笔宽度"选项。选择此选项时，增加绘图笔的压力可减小工具的大小，这样就可以选择细边。

> **高手指点：** 数码绘图板（或者说带尖的工具）对创建精确的选区十分重要，因此对数码绘图板的投资是值得的。相对于使用鼠标尝试完成精确的选区（这几乎是不可能的事情）来说，它减少了用户的烦恼，而且节省了时间。

08 拖动想要选择的区域，此时 Photoshop 会创建锚点，如图 4-37 所示。

09 单击第一个点完成选区。如果正在选择的对象经过一个具有过多或过少边对比度的区域，则磁性套索工具会偏离想要的区域，此时按 Alt 或 Option 键可以使用套索工具创建选区，释放按键又可以转换为磁性套索工具。

> **高手指点：** 如果磁性套索工具开始偏离所需选区的锚点，可按 Backspace 键在刚刚创建的点上拖动工具以删除点。释放 Backspace 键可以继续创建选区。

10 使用磁性套索工具创建了选区后，选择"图层"→"新建"→"通过拷贝的图层"命令，将选区复制到一个新图层中。

11 选择"图像"→"调整"→"替换颜色"命令，通过"替换颜色"对话框改变年轻女士 T 恤的颜色，如图 4-38 所示。

图 4-37　创建锚点

图 4-38　"替换颜色"对话框的设置

> **高手指点：** 在没有使用"抓手工具" 时，按住空格键可转换成抓手工具，即可移动视窗内图像的可见范围。在手形工具上双击鼠标可以使图像以最适合的窗口大小显示，在缩放工具上双击鼠标可使图像以 1：1 的比例显示。

■ 应用工具

磁性套索工具可以智能地自动选取，特别适用于快速选择与背景对比强烈而且边缘复杂的对象。该工具的位置如图 4-39 所示。

图 4-39 磁性套索工具的位置

■ **使用技巧**

在边缘较精确的图像上，用户可以使用更大的"宽度"和更高的"对比度"，然后大致地跟踪边缘。在边缘较柔和的图像上，可尝试使用较小的"宽度"和较低的"对比度"，然后更精确地跟踪边缘。

4.1.6 使用钢笔工具创建网站图片

■ **任务导读**

在 Photoshop CS4 中，用户可以使用钢笔工具在对象周围创建具有平滑边缘的精确路径，例如一个水果或一个产品，可以将对象周围的路径转换为一个选区。使用钢笔工具创建路径时，先定义组成路径的点，通常是直点和曲点。通常使用钢笔工具来创建流线形人造对象（如汽车）的选区。

如果拍摄了一个现代汽车秀，想在网站上使用一张照片，但是背景不是太好，就不得不从背景中移除汽车，如图 4-40 所示的是利用钢笔工具的操作效果。

图 4-40 使用钢笔工具从背景中移除汽车

■ **任务驱动**

要使用钢笔工具创建选区，可执行以下步骤。

01 选择"文件"→"打开"命令，打开"光盘\素材\ch04\汽车.jpg"图像。

02 选择"钢笔工具" 🖋。

03 在选项栏中单击"路径"按钮。

04 单击定义路径的第一个点，通常是在两条直线的交点开始定义路径。

05 在路径上添加附加点。如果沿曲面的路径创建点，可单击并拖动以创建曲线，拖动的方向用于定义曲线的切线手柄。这里要创建一条精确的路径，但如果路径不太精确，也可以在后期轻松地进行调整。

06 单击第一个点关闭路径。如图 4-41 所示是沿着要从背景中分离的汽车所创建的路径。

图 4-41 使用钢笔工具创建路径

■ **应用工具**

1．使用钢笔工具

钢笔工具是创建路径最主要的工具，它不仅可以用来选取图像，而且可以绘制卡通漫画。一个优秀的设计师应能熟练地使用它。

选择 工具，快捷键为 P，开始绘制之前的光标为 ，若大小写锁定键 Caps Lock 被按下，则光标为 。

● 绘制直线：分别在两个不同的地方单击即可绘制直线，如图 4-42 所示。

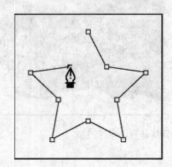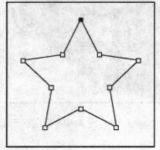

图 4-42 绘制直线效果

● 绘制曲线：单击鼠标绘制出第一点，然后单击并拖曳鼠标绘制出第二点，这样就可以绘制曲线并使锚点两端出现方向线。方向线的位置及方向线的长短会影响到曲线的方向和曲度，如图 4-43 所示。

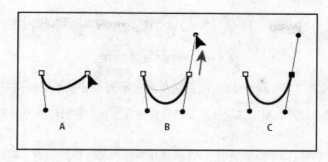

图 4-43　绘制曲线效果

● 曲线之后接直线：绘制出曲线后，若要在之后接着绘制直线，则需要按下 Alt 键暂时切换
为转换点工具，然后在最后一个锚点上单击，使控制线只保留一段，再松开 Alt 键在新的
地方单击另一点即可，如图 4-44 所示。

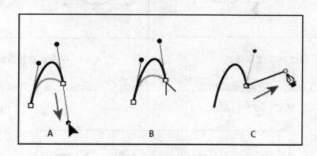

图 4-44　绘制曲线之后接直线效果

选择钢笔工具，然后单击选项栏中的黑色三角按钮，可以弹出〝钢笔选项〞面板。从中选
中〝橡皮带〞复选框，可在绘制时直观地看到与下一节点之间的轨迹，如图 4-45 所示。

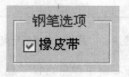

图 4-45　〝橡皮带〞复选框

2．编辑路径

许多 Photoshop 用户不敢将钢笔工具作为创建选区的主要工具，编者开始也有这样的感觉。
但是一旦可熟练创建和修改路径后，编者对自己能够创建的选区的精确性感到惊讶。其实用户
不必要求原始选区十分精确，因为可以控制路径上的每个点来选择想要的对象。在修改路径时
还可以根据需要添加点，并将直点转换为曲点，反之亦然。

选择〝直接选择工具〞，然后单击要修改的路径，即可对路径进行修改。

使用〝添加锚点工具〞在路径上单击可以添加锚点，使用〝删除锚点工具〞在
锚点上单击可以删除锚点；也可以在钢笔工具状态下，在选项栏中选中〝自动添加／删
除〞复选框，如图 4-46 所示。此时在路径上单击即可添加锚点，在锚点上单击即可删
除锚点。

图 4-46 "钢笔"工具选项栏

使用"锚点转换点工具" ⌐可以使锚点在角点、平滑点和拐点之间进行转换。

- 角点转换成平滑点：使用锚点转换点工具在锚点上单击并分别拖曳控制柄，即可将角点转换成平滑点，如图 4-47 所示。

- 平滑点转换成角点：用锚点转换点工具直接对锚点进行单击即可，如图 4-48 所示。

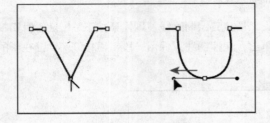

图 4-47 角点转换成平滑点　　　　　图 4-48 平滑点转换成角点

- 平滑点转换成拐点：使用锚点转换点工具单击方向点拖曳，然后更改方向点的位置或方向线的长短即可，如图 4-49 所示。

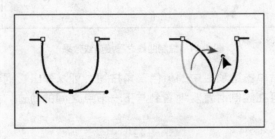

图 4-49 平滑点转换成拐点

选中路径后按 Delete 键，或者在右键菜单中选择"删除"命令，即可删除路径。

3. 将路径转换为选区

创建并修改路径，使它适合想要选择的对象后，可以将路径转换为选区。将路径转换为选区时，可以设置羽化选区。建议不要羽化用钢笔工具创建的选区，因为使用该工具创建的选区非常精确。要转换路径，可执行以下步骤。

01 选择"窗口"→"路径"命令，打开"路径"面板。

02 右击工作路径，选择快捷菜单中的"建立选区"命令，如图 4-50 所示。

高手指点：要快速改变在对话框中显示的数值，首先用鼠标单击该数字，让光标处在对话框中，然后就可以用上下方向键来改变该数值了。如果在用方向键改变数值前先按下了 Shift 键，那么数值的改变速度会加快。

03 在"建立选区"对话框中，接受默认的"羽化半径"（0 像素）和默认的"消除锯齿"

复选框的选中状态，如图 4-51 所示。

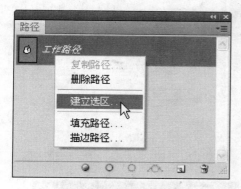

图 4-50　"路径"面板

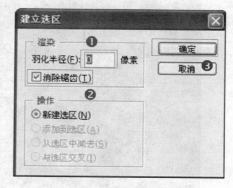

图 4-51　"建立选区"对话框

04 单击"确定"按钮，即可将路径转换为选区。

4. 羽化选区

专业编辑工作的特点是浏览者对图像的效果发出感叹时，却无法看到任何操作的迹象。例如，如果选中一个人的牙齿，向选区应用曲线调整图层，如果不应用羽化，将看到选区的边缘有一条明显的线。羽化的大小取决于选区的大小。要羽化选区，可执行以下步骤。

01 建立选区，比如在模特牙齿周围创建选区，如图 4-52 所示。

02 选择"选择"→"修改"→"羽化"命令，弹出"羽化选区"对话框，在对话框中输入想要的羽化值。输入的值将取决于正在处理的图像的大小。在一个人的牙齿或眼睛周围创建选区时，一般使用 1 或 2 像素即可，如图 4-53 所示。

图 4-52　创建选区

图 4-53　羽化选区

03 在人物周围创建大选区以应用特殊效果（如高级晕影）时，一般为像素大小为 8MB 的图像使用 175 像素羽化值，如图 4-54 所示。

图 4-54　在人物周围创建大选区

04　单击"确定"按钮羽化选区，按 Ctrl+Shift+I 组合键反选选区，然后按 Delete 键删除选区内的图像，可以制作出大头贴效果，如图 4-55 所示。

图 4-55　制作大头贴效果

5. 自由钢笔工具

用户还可以利用自由钢笔工具创建图像路径。选中"自由钢笔工具" ，沿图像的边缘按住鼠标左键并拖曳出路径。或者选择自由钢笔工具后，在钢笔工具选项栏中选中"磁性的"复选框，然后沿图像单击并拖曳鼠标即可得到图像路径，如图 4-56 所示。

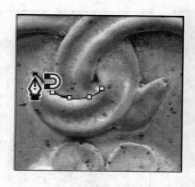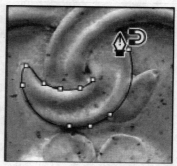

图 4-56　利用自由钢笔工具创建路径

4.1.7　使用"亮度/对比度"虚化图像

■ **任务导读**

使用"亮度/对比度"命令可以为背景上拍摄的对象创建高调晕影效果，如图 4-57 所示。

图 4-57　创建高调晕影效果

■ **任务驱动**

要使用"亮度/对比度"命令创建高调晕影效果，可执行以下步骤。

01 选择"文件"→"打开"命令，打开"光盘\素材\ch04\对比度调整.jpg"图像。

02 使用"椭圆选框工具" ⬭，在对象的周围创建选区并羽化，如图 4-58 所示。

高手指点：实际羽化量取决于图像的大小。对于 800 万像素的图像，使用 175 像素羽化值。此设置用于在高调晕影和对象之间创建柔和的混合。

03 选择"选择"→"反相"命令反相选区，以选择椭圆选区以外的区域，如图 4-59 所示。

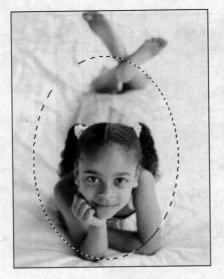

图 4-58　创建选区

图 4-59　反相选区

04　选择 "图像"→"调整"→"亮度/对比度" 命令，打开 "亮度/对比度" 对话框。向右拖动 "亮度" 滑块，以增大背景亮度，如图 4-60 所示。

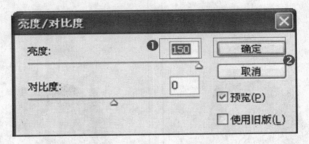

图 4-60　拖动 "亮度" 滑块

[**高手指点**：如果添加一次 "亮度/对比度" 效果不明显，可以添加多次。]

■ 应用工具

选择 "亮度/对比度" 命令，可以对图像的色调范围进行简单的调整。

■ 参数解析

- 亮度：用鼠标左右拖曳滑块或者输入 -100～100 之间的数值，可以增加或减少亮度。
- 对比度：用鼠标左右拖曳滑块或者输入 -100～100 之间的数值，可以增加或减少对比度。

4.2 | 使用润色工具

对人物照片进行润色时，首先去除粉刺、雀斑和皱纹等瑕疵，然后使用一些数码技巧来突出对象的眼睛。

高手指点: 润色照片时,执行的操作本身具有破坏性,因为更改了像素并且会失去信息,所以建议在背景图层的副本或复制到新图层的选区中完成所有破坏性的编辑。使用这种工作方式可以在背景图层中保留原始图像。

4.2.1 使用红眼工具消除红眼

■ 任务导读

红眼工具可移去用闪光灯拍摄的人物照片中的红眼,也可以移去用闪光灯拍摄的动物照片中的白色或绿色反光。修复红眼前后的效果对比如图4-61所示。

图4-61 修复红眼前后效果对比

■ 任务驱动

要去除红眼,可执行以下步骤。

01 选择 "文件" → "打开" 命令,打开 "光盘\素材\ch04\去除红眼.jpg" 图像,如图4-62所示。

图4-62 原始图像

02 选择修复画笔工具组中的红眼工具 ，在属性栏中设置参数，如图 4-63 所示。

03 单击照片中的红眼区域，可得到如图 4-64 所示的效果。

图 4-63　红眼工具属性栏　　　　　　　　图 4-64　修复后的效果

■ 应用工具

红眼工具的位置如图 4-65 所示。

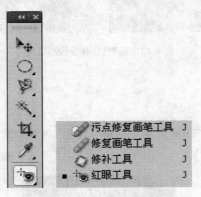

图 4-65　红眼工具的位置

■ 参数解析

"红眼工具" 属性栏中包括 "瞳孔大小" 设置项和 "变暗量" 设置项。

- 瞳孔大小：设置瞳孔（眼睛暗色的中心）的大小。
- 变暗量：设置瞳孔的暗度。

高手指点：红眼是由于相机闪光灯在主体视网膜上反光引起的。在光线暗淡的房间里照相时，由于主体的眼膜张开得很宽，所以会更加频繁地看到红眼。为了避免红眼，可使用相机的红眼消除功能，或者使用可安装在相机上远离相机镜头位置的独立闪光装置。

4.2.2　使用修复画笔工具去除瑕疵

■ **任务导读**

对数码照片进行去除瑕疵处理，最好的选择是修复画笔工具。如图 4-66 所示为润色前后的图像效果。注意眼睛周围褪色皮肤的区域和面颊上的斑点，目的是去除这些可见的瑕疵，为图像增色。

图 4-66　润色前后的图像

> **高手指点**：如果要在润色前执行其他编辑，可在"历史记录"面板中创建图像的快照。润色前将图像保存为不同的名称也是一个不错的方法。如果润色没有达到预期的效果，则可以随时恢复到原始图像。

■ **任务驱动**

要去除此类瑕疵，可执行以下步骤。

01 选择"文件"→"打开"命令，打开"光盘\素材\ch04\去除瑕疵.jpg"图像。

02 建"背景"图层的副本，并将其重命名为"润色瑕疵"。选择"修复画笔工具"，在选项栏确保选中"对所有图层取样"复选框。禁用除了新的润色图层和要润色的包含瑕疵的背景图层之外的所有图层。更改画笔大小，使其适合要修复的瑕疵大小。

> **高手指点**：如果要去除瑕疵，可调整画笔大小，使其略大于瑕疵；如果要去除皱纹以及类似的瑕疵，可调整画笔大小，使其正好覆盖瑕疵的宽度。

> **高手指点**：如果需要去除较小的瑕疵（如雀斑或粉刺），可以选择污点修复画笔工具，调整工具大小，使其略大于要修复的区域，然后只要在瑕疵处单击工具，瑕疵即可消失。

03 按 Alt 键并单击无瑕疵皮肤的区域，这是修复画笔工具为修复目标区域进行取样的来源。

> **高手指点**：对于此图像，可在模特面部的清晰皮肤区域中取样，该区域与要修复的区域的纹理匹配。如果选择与来源完全不同的皮肤区域，得到的结果会比预想的要差。

　　04 在要去除的瑕疵上拖动修复画笔工具。对于小雀斑，只需单击雀斑即可。如果是修复受损皮肤中较大的区域（如抬头纹），可以在该区域上拖动工具，以确保覆盖该区域。如果无法完全覆盖瑕疵，会出现边缘或褪色区域，如图 4-67 所示。

图 4-67　拖动修复画笔工具

> **高手指点**：要修复周围色调明显更高或更暗的瑕疵，可以在瑕疵的周围创建一个选区（注意，不要羽化该选区），在与瑕疵平行的区域中取样，然后在瑕疵上拖动修复画笔工具。

■ 应用工具

　　修复画笔工具可用于校正瑕疵，使它们消失在周围的图像环境中。使用修复画笔工具可以利用图像或图案中的样本像素来绘画，并可将样本像素的纹理、光照、透明度和阴影等与源像素进行匹配，从而使修复后的像素不留痕迹地融入图像的其余部分。修复画笔工具的位置如图 4-68 所示。

图 4-68　修复画笔工具的位置

■ **参数解析**

　　"修复画笔工具" 的属性栏如图 4-69 所示，其中包括 "画笔"设置项、"模式"下拉
列表框、"源"选项区和"对齐"复选框等。

图 4-69　修复画笔工具的属性栏

● 画笔：单击该选项中的按钮，可以在打开的面板中对画笔进行设置，如图 4-70 所示。

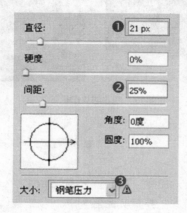

图 4-70　设置画笔

● 模式：用来设置修复图像时使用的混合模式，包括"正常"、"替换"、"正片叠底"等。选
择"替换"选项，可保留画笔描边的边缘处的杂色、胶片颗粒和纹理。

● "对齐"复选框：选中此复选框，不管停笔后再画多少次，最终都可以将整个取样图像复
制完毕并有完整的边缘。使用这种功能可以在修复图像时随时调整仿制图章参数，它常用
于多种画笔复制同一个图像。如果撤选此复选框，则每次停笔再画时，都将使用取样点的
像素对图像进行修复。

● "源"选项区：可以选中"取样"或者"图案"单选按钮。按下 Alt 键定义取样点，然后才
能使用"源"选项区。选中"图案"单选按钮后，要先选择一个具体的图案，然后使用才
会有效果。

[　**高手指点**：选择图案的目的是使用图案的纹理来修复图像。　　　　　　　　　　　　　　　　]

4.2.3　使用修复画笔工具减淡皱纹

■ **任务导读**

　　使用修复画笔工具另一个经常执行的润色任务是减淡鱼尾纹、皱纹和其他压力或衰老造成
的迹象。如图 4-71 所示为减淡皱纹前后的图像效果。

图 4-71　减淡皱纹前后的图像

■ **任务驱动**

减淡皱纹的具体操作步骤如下。

01　选择"文件"→"打开"命令，打开"光盘\素材\ch04\减少皱纹.jpg"图像。

02　创建"背景"图层的副本，并将其命名为"润色皱纹"。

03　选择"修复画笔工具" ✐，确保选中选项栏中的"对所有图层取样"复选框，并确保画笔略宽于要减淡的皱纹，而且该画笔足够柔和，能与未润色的边界混合。

04　按 Alt 键并单击皮肤中与要修复的区域具有类似色调和纹理的干净区域。选择无瑕疵的区域作为目标；否则修复画笔工具不可避免地会将瑕疵应用到目标区域。

[**高手指点：**本例将对人物面颊中的无瑕疵区域进行取样。]

05　在要修复的皱纹上拖动工具，确保覆盖全部皱纹，包括皱纹周围的所有阴影，覆盖范围要略大于皱纹。继续这样的操作，直到去除所有明显的皱纹。是否要在来源中重新取样取决于需要修复的瑕疵数量。

06　减小"润色皱纹"图层的不透明度，直到皱纹重新出现，这显示了来自下一图层的部分皱纹。要减小的不透明度的数量因人而异，因对象的实际年龄而异。如果正在编辑一位年轻时尚模特的照片，则此步骤不是必需的。本例将不透明度减小到 70%。

[**高手指点：**如果无法在皮肤上找到作为修复来源的无瑕疵区域，可打开具有较干净皮肤的人物照片，其中包含与要润色图像中的人物具有相似色调和纹理的皮肤。]

4.2.4　使用曲线工具美白牙齿

■ **任务导读**

在 Photoshop CS4 中应用几个步骤，就可以轻松地为人像照片进行美白牙齿。如果牙齿上有均匀的色斑，应用此技术可以使最终的人物照片看上去更完美。如图 4-72 所示为美白牙齿的前后对比效果。

图 4-72　美白牙齿的前后对比图像

■ **任务驱动**

用户可以使用以下步骤美白牙齿。

01 选择"文件"→"打开"命令，打开"光盘\素材\ch04\美白牙齿.jpg"图像。

02 使用套索工具在对象的牙齿周围创建选区，如图 4-73 所示。

03 选择"选择"→"修改"→"羽化"命令，打开"羽化选区"对话框，设置"羽化半径"为 1 像素。羽化选区可以避免美白的牙齿与周围区域之间出现锐利边缘。

04 选择"图像"→"调整"→"曲线"命令，弹出"曲线"对话框，在曲线的中间创建一个点并调整输出数据，如图 4-74 所示。

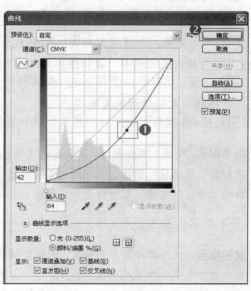

图 4-73　创建选区并羽化　　　　　　图 4-74　"曲线"对话框

> **高手指点**：如果要润色的照片中对象的牙齿具有不均匀的色斑，可以减淡深色色斑或加深浅色色斑，使其与牙齿的一般颜色相匹配。

4.2.5 使用仿制图章工具去除热区

■ **任务导读**

在室外阳光明媚的条件下拍摄人物照片时，即使再完美也会在图像上显示热区（Hot Spot），使用仿制图章工具可以轻松地修复热区。如图 4-75 所示为图像去除热区前后的对比效果。

图 4-75　去除热区前后的对比效果

■ **任务驱动**

要修复热区，可执行以下步骤。

[01] 选择"文件"→"打开"命令，打开"光盘\素材\ch04\去除热区.jpg"图像。

[02] 将"背景"图层复制到图层副本中。如果正在修复图像中的其他问题，可以将这些修复应用到最合适的图层中，复制最上面编辑过但未使用蒙版的图层。

[03] 选择"仿制图章工具"，在选项栏中将"不透明度"设为50，"混合"模式设为"变暗"，选择具有柔软边缘的大画笔。

[04] 按 Alt 键并单击皮肤上热区外具有相似色调和纹理的区域。

> **高手指点**：设置工具参数后，可以单击选项栏中工具图标右侧的向下箭头按钮，然后单击"创建新的工具预设"图标。在"新建工具预设"对话框中，将预设命名为"去除热区"，然后单击"确定"按钮。新预设变成工具预设的一部分，可供以后使用。

[05] 轻轻地在热区上绘制。

> **高手指点**：如果要修复多个热区，则需要将取样来源重新设置为周围皮肤中与要修复的区域具有相似色调和纹理的区域。

■ 应用工具

"仿制图章工具" 是一种复制图像的工具，利用它可以做一些图像的修复工作。仿制图章工具的位置如图 4-76 所示。

图 4-76　仿制图章工具的位置

■ 参数解析

仿制图章工具的属性栏如图 4-77 所示，其中包括"画笔"设置项、"模式"下拉列表框、"不透明度"设置框、"流量"设置框、"对齐"复选框和"样本"下拉列表框等。

图 4-77　仿制图章工具的属性栏

- "画笔"设置项和"模式"下拉列表框的使用已在前面介绍过了，这里不再赘述。
- "对齐"复选框：选中此复选框，不管停笔后再画多少次，最终都可以将整个取样图像复制完毕并且有完整的边缘。使用这种功能可以在修复图像时随时调整仿制图章参数，它常用于多种画笔复制同一个图像。如果撤选此复选框，则每次停笔再画时，都将使用取样点的像素对图像进行修复。

4.2.6　使用画笔工具柔化皮肤

■ 任务导读

在 Photoshop CS4 中，使用画笔工具配合图层蒙版可以对人物的脸部皮肤进行柔化处理。如图 4-78 所示的是柔化皮肤前后的对比效果。

图 4-78　柔化皮肤前后的对比效果

■ **任务驱动**

要柔化脸部皮肤，可执行以下步骤。

01 选择″文件″→″打开″命令，打开″光盘\素材\ch04\柔化皮肤.jpg″图像，如图 4-79 所示。

02 复制″背景″图层为副本，并将其重命名为″皮肤柔化″。

03 对″皮肤柔化″图层进行高斯模糊。选择″滤镜″→″模糊″→″高斯模糊″命令，打开″高斯模糊″对话框，设置″半径″为 2 像素，如图 4-80 所示。

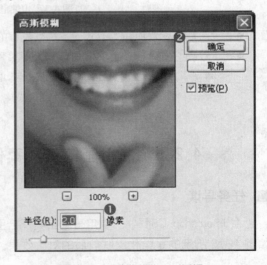

图 4-79　原始图片　　　　　　　图 4-80　″高斯模糊″对话框

04 按住 Alt 键单击″图层″面板中的″添加图层蒙版″按钮，可以向图层添加一个黑色蒙版，并将显示下面图层的所有像素，如图 4-81 所示。

05 选择″皮肤柔化″图层蒙版图标，然后选择画笔工具。选择柔和边缘笔尖，从而不会留下破坏已柔化图像的锐利边缘，如图 4-82 所示。

图 4-81　复制图层

图 4-82　画笔柔化

06　在模特面部的皮肤区域绘制白色，但不在想要保留细节的区域(如模特的颜色、嘴唇、鼻孔和牙齿)绘制颜色。如果不小心在不需要蒙版的区域填充了颜色，可以将前景色切换为黑色，绘制该区域以显示下面图层的锐利边缘。

[**高手指点**：在工作流程的此阶段，图像是不可信的，因为皮肤没有显示可见的纹理。]

07　在"图层"面板中，将"皮肤柔化"图层的混合模式切换为"变暗"。此步骤将纹理添加回皮肤，但保留了柔化，如图 4-83 所示。

图 4-83　柔化后的效果

4.2.7 使用修补工具修复大区域

■ **任务导读**

当人物照片脸部出现大面积的胎记或斑点时，可使用修补工具来修复这种大区域的缺陷。
如图 4-84 所示为修复前后的对比效果。

图 4-84 修复前后的对比效果

■ **任务驱动**

使用修补工具的步骤如下。

01 选择"文件"→"打开"命令，打开"光盘\素材\ch04\修复大区域.jpg"图像，如
图 4-85 所示。

02 选择"修补工具" ◎，保持选项栏的默认选项，使用该工具在要修复的区域周围创建
选区，如图 4-86 所示。

图 4-85 原始图像   图 4-86 绘制要修复的区域

高手指点：修补工具可以像套索工具一样创建选区。创建选区时，注意不要过于接近不同的颜色区域(如背景)，因为修补工具将其与修复区域混合，产生不需要的色彩转换。用户也可以使用数码绘图板和绘图笔创建选区，因为使用此工具可以更容易地创建精确的选区。

03 将选区拖到附近与要修复的区域具有类似色调和纹理的无瑕疵区域，释放鼠标时，Photoshop CS4 根据拖动工具时的来源像素修补选区，如图 4-87 所示显示了完成的修复效果。

图 4-87 修复后的效果

■ 应用工具

"修补工具" 可以说是对修复画笔工具的一个补充。修复画笔工具使用画笔来进行图像的修复，而修补工具则通过选区来进行图像修复。修补工具的位置如图 4-88 所示。

图 4-88 修补工具的位置

■ 参数解析

像修复画笔工具一样，修补工具会将样本像素的纹理、光照和阴影等与源像素进行匹配。用户还可以使用修补工具来仿制图像的隔离区域。"修补工具" 的选项栏包括 "修补" 选项区、"透明"复选框、"使用图案"设置框等，如图 4-89 所示。

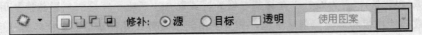

图 4-89　修补工具的选项栏

- "源"单选按钮：先用修补工具选择需要修饰的区域。
- "目标"单选按钮：先用修补工具选择用来修饰的图像选区。
- "透明"复选框：选中此复选框，可对选区内的图像进行模糊处理，可以除去选区内细小的噪声划痕。先用修补工具选择所要处理的区域，然后在其选项栏中选中"透明"复选框，区域内的图像就会自动地消除细小的划痕等。
- "使用图案"设置框：用指定的图案修饰选区。先用修补工具选择所要处理的区域，然后才能进行后面的操作。

4.3 | 本章小结

　　本章主要通过对常用的数码照片处理方法的讲解，使更多的家庭学会对拍摄的数码照片进行更加完美的处理和修饰。本章讲解的过程是循序渐进的，从选择合适的选择工具开始，到数码照片的色彩调整，然后深入到数码照片的修补，最后讲解人物照片的润色效果。读者在实际处理数码照片时应灵活运用各种工具，以达到完美的修饰效果。

图像的合成和图像特效

Photoshop CS4 在图像的创作方面有着非常强大的功能，它在色彩设置、图像绘制、图像变换等方面有着无可比拟的优势。一名优秀的设计师一般都有很强的图像创作能力，而 Photoshop CS4 可以使其艺术才华展现得尽善尽美。

5.1 | 使用合成工具

在 Photoshop CS4 中，用户不仅可以绘制各种效果的图形，还可以通过处理各种位图图像制作出图像效果。本章的内容比较简单易懂，用户可以按照实例步骤进行操作，也可以导入自己喜欢的图片进行编辑处理。

5.1.1 使用图层蒙版工具为天空增色

■ **任务导读**

风景摄影师包括房地产摄影师、杂志摄影师等，他们有一个共同的特点——在照片中展现大自然最美的一面，在合适的时刻拍摄的风景可以极大地增加美感。如果由于其他原因不得不在不适合的时候拍下照片，这时就需要通过图层蒙版工具来为天空增色了。如图 5-1 所示为天空增色前后的对比效果。

图 5-1　天空增色前后的对比效果

■ **任务驱动**

使用图层蒙版工具为天空增色的具体操作步骤如下。

01 选择 "文件" → "打开" 命令，打开 "光盘\素材\ch05\图 01.jpg" 和 "光盘\素材\ch05\02.jpg" 图像，如图 5-2 所示。

图 5-2　素材图片

02 选择 "快速选取工具" 🖎，选取天空背景，如图 5-3 所示。再选择 "选择" → "存储选区" 命令，打开 "存储选区" 对话框，设置 "名称" 为 "天空"，如图 5-4 所示。

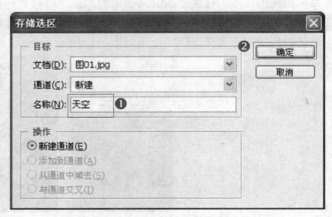

图 5-3　创建选区　　　　　　　　图 5-4　"存储选区" 对话框

03 选择"移动工具"，将"图 02"拖曳到"图 01"中，并调整好位置，如图 5-5 所示。

04 选择"选择"→"载入选区"命令，打开"载入选区"对话框，在"通道"下拉列表框中选择"天空"选项，如图 5-6 所示。

图 5-5 拖曳图片

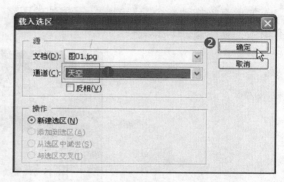

图 5-6 "载入选区"对话框

05 选择"选择"→"修改"→"羽化"命令，打开"羽化"对话框，设置"羽化半径"为 20，如图 5-7 所示。

06 在"图层"面板上单击"添加图层蒙版"按钮，如图 5-8 所示。

图 5-7 羽化选区

图 5-8 添加图层蒙版

■ 使用技巧

1. 复制与转移蒙版

按住 Alt 键将一个图层的蒙版拖至另外的图层上，放开鼠标可复制蒙版到目标图层，如图 5-9 所示。

图 5-9 复制蒙版

如果直接拖动一个图层的蒙版至另外的图层，可将该蒙版转移到目标图层，源图层将不再有蒙版，如图 5-10 所示。

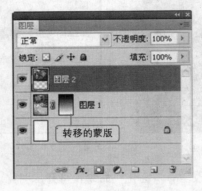

图 5-10 转移蒙版

2. 启用与停用蒙版

创建图层蒙版后，按住 Shift 键单击蒙版缩览图可暂时停用蒙版，此时蒙版缩览图上会出现一个红色的"×"，图像也会恢复到应用蒙版前的状态。

按住 Shift 键再次单击蒙版缩览图可重新启用蒙版，恢复蒙版对图像的遮罩。如图 5-11 所示为启用蒙版时的效果，如图 5-12 所示为停用蒙版时的效果。

图 5-11 启用蒙版

图 5-12　停用蒙版

3. 链接与取消链接蒙版

创建图层蒙版后，蒙版缩览图和图像缩览图中间有一个链接标志，它表示蒙版与图像处于链接状态，此时进行变换操作时，蒙版与图像一同变换。选择"图层"→"图层蒙版"→"取消链接"命令，或者单击该标志，可以取消链接，此时可以单独变换图像，也可以单独变换蒙版。

4. 应用与删除蒙版

如果想要将蒙版应用到图像，可以选择图层蒙版，如图 5-13 所示。

单击"图层"面板中的"删除图层"按钮，弹出一个提示框，如图 5-14 所示，单击"应用"按钮即可将蒙版应用到图像并删除。

图 5-13　选择蒙版

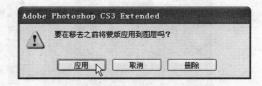

图 5-14　提示框

它会使得原先被蒙版遮罩的区域成为真正的透明区域，如图 5-15 所示。

图 5-15 应用蒙版

> **高手指点**：选择图层蒙版所在的图层后，选择"图层"→"图层蒙版"→"应用"命令，可以将蒙版应用到图像；选择"图层"→"图层蒙版"→"删除"命令，可以删除图层蒙版。

5.1.2 使用仿制图章工具仿制其他照片细节

■ 任务导读

为了力求场景的完美，本例利用仿制图章工具对照片中的细节进行复制。本示例的前后对比效果如图 5-16 所示。

图 5-16 本例的前后对比效果

■ 任务驱动

要使用仿制图章工具选择选区，可执行以下步骤。

01 选择"文件"→"打开"命令，打开"光盘\素材\ch05\图 03.jpg"和"03-1.jpg"图像。

02 选择"仿制图章工具" ，并在选项栏中设置画笔大小和较软的笔尖，如图 5-17 所示。

03 在"图 03-1"中，按住 Alt 键单击鼠标取样，然后在"图 03"中单击鼠标复制样本，如图 5-18 所示。

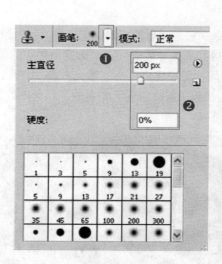

图 5-17 选择画笔

图 5-18 图章取样

04 多次取样，多次复制，直至"图 03"下方扑满紫色的花为止。

■ **参数解析**

仿制图章工具选项栏中包含该工具的设置选项，如图 5-19 所示。

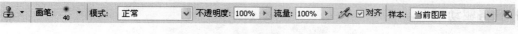

图 5-19 仿制图章工具选项栏

- 画笔：单击"画笔"选项右侧的·按钮，可以打开"画笔"的下拉面板，在面板中可选择画笔样本、大小和硬度。
- 模式：在该下拉列表框中可以选择画笔笔迹颜色的混合模式。
- 不透明度：用来设置画笔的不透明度，该值越低，线条透明度越高。
- 流量：设置画笔线条颜色的涂抹速度。
- 喷枪：单击该按钮，可启用喷枪功能，Photoshop 可以根据鼠标单击程度确定画笔线条的填充数量。
- 对齐：选中该复选框，会对像素进行连续取样，而不会丢失当前的取样点，即使松开鼠标按键时也是如此。如果取消选中该复选框，则会在每次停止并重新开始绘画时使用初始取样点中的样本像素，因此每次单击都被认为是另一次复制。

● 样本：用来选择从指定的图层中进行数据取样。如果要从当前图层及其下方的可见图层中取样，应选择"当前和下方图层"选项；如果要从当前图层中取样，应选择"当前图层"选项；如果要从所有可见图层中取样，应选择"所有图层"选项；如果要从调整图层以外的所有可见图层中取样，应选择"所有图层"选项，然后单击选项右侧的忽略调整图层图标 ▣ 。

5.1.3 使用"智能锐化"命令锐化数码照片

■ 任务导读

"智能锐化"是 Photoshop CS4 的一个全新命令，它是理想的初始锐化工具。"智能锐化"命令是对"USM 锐化"命令的增强，它通过增加边缘和周围像素之间的对比度来锐化图像。"智能锐化"可以区分边缘和杂色之间的差异，成为全局初始锐化更可行的解决方案。实际上，"智能锐化"命令将来有可能替代"USM 锐化"命令。使用"智能锐化"命令的前后对比效果如图 5-20 和图 5-21 所示。

图 5-20　原图像　　　　　　　　　图 5-21　使用"智能锐化"命令后的效果

■ 任务驱动

要使用"智能锐化"命令全局锐化图像，可执行以下步骤。

01 选择"文件"→"打开"命令，打开"光盘\素材\ch05\图 13.jpg"图像。

02 将背景图层复制到一个单独的图层中，然后将该图层放大到 100%（按 Ctrl+Alt+0 键）。

03 选择"滤镜"→"锐化"→"智能锐化"命令，打开"智能锐化"对话框，如图 5-22 所示。

04 选中"高级"单选按钮，"智能锐化"对话框中显示 3 个选项卡，如图 5-23 所示。使用"高级"选项可以控制应用到图像的阴影和高光区域的锐化。

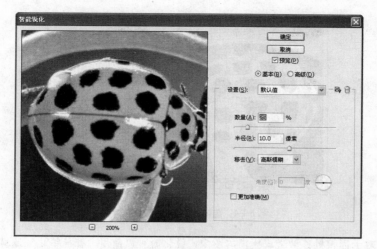

图 5-22 "智能锐化"对话框

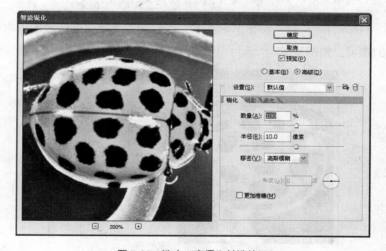

图 5-23 选中"高级"单选按钮

[05] 拖动"数量"滑块可以确定应用到图像的锐化量，本例使用值 150。

[**高手指点：** 如果发现边缘有任何可见的晕环，说明图像过度锐化。]

[06] 拖动"半径"滑块以确定要锐化的可见边缘像素的距离。一般取值为 1.0 即可适用于大多数情况。

[07] 从"移去"下拉列表框中选择"高斯模糊"选项，也可以选择"镜头模糊"和"动感模糊"选项。

[**高手指点：** "镜头模糊"选项能最好地完成锐化任务，因为它可以检测到图像边缘，提供更好的细节锐化而不会在边缘周围产生晕环。另外，它还可以执行初始锐化，以消除镜头和插补模糊。

[08] 选中"更加准确"复选框，此选项会增加 Photoshop 锐化图像的时间，但可以提供更精确的细节，如图 5-24 所示。

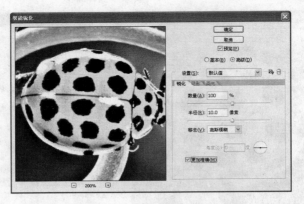

图 5-24　选中"更加准确"复选框

> **高手指点：** 对于因相机移动造成模糊的图像，锐化时可以使用"智能锐化"滤镜的"动态模糊"选项，然后调整角度以弥补模糊线条看起来所延伸的角度。

09 选择"阴影"和（或）"高光"选项卡，以控制图像中这些区域的锐化量。这两个选项卡包括相同的选项，如图 5-25 所示为"阴影"选项卡。

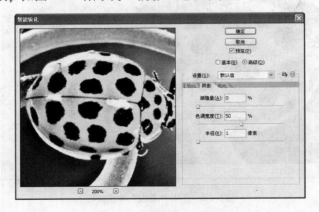

图 5-25　"阴影"选项卡

10 拖动"渐隐量"滑块向图像的阴影或高光区域应用较少的锐化。只有在锐化杂色图像时，才对任一区域渐隐锐化。很明显，杂色也被锐化了。

11 拖动"色调宽度"滑块以确定图像的阴影或高光范围中的色调范围。使用较小的值可以限制锐化最暗的阴影区域和最亮的高光区域。

12 拖动"半径"滑块以设置每个像素周围的区域，并确定该像素是否在图像的高光或阴影区域。对于初始锐化，此值总为 1 像素。

13 单击"确定"按钮向图像应用锐化。

5.1.4　使用"镜头校正"命令校正镜头问题

■ 任务导读

数码摄影师使用各种镜头——从鱼眼镜头到超长焦镜头，有些镜头是专门为数码摄影设计的，而其他镜头是为胶片相机设计的。许多胶片相机镜头适用于数码相机，但它们实现的效果与在胶片相机中并不相同。众所周知，专业镜头（如鱼眼和超广角）会扭曲失真，并向镜头成像添加桶形或枕形扭曲。幸运的是，Photoshop CS4 有一个处理镜头扭曲的复杂工具，即镜头校正工具。

如果拍摄的建筑物具有平行和垂直线条的对象，就会出现大多数类型的镜头扭曲。使用鱼眼镜头拍摄时，桶形和枕形扭曲是不可避免的。有时用户需要这些异常，有时却不需要。移除桶形和枕形扭曲的前后对比效果如图 5-26 所示。

图 5-26　移除桶形和枕形扭曲的前后对比效果

■ **任务驱动**

要移除桶形或枕形扭曲，可执行以下步骤。

01 选择"文件"→"打开"命令，打开"光盘\素材\ch05\图 14.jpg"图像。

02 选择"滤镜"→"扭曲"→"镜头校正"命令，打开"镜头校正"对话框，如图 5-27 所示。

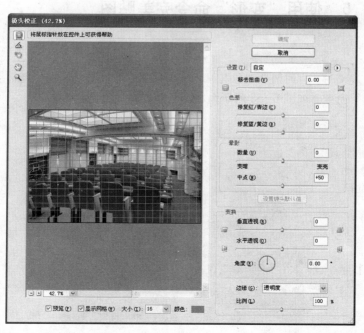

图 5-27　"镜头校正"对话框

高手指点：网格用于对齐图像中水平和垂直线条。

03 拖动"移去扭曲"滑块，直到应与地平线平行的水平线条与水平网格线平行，如图 5-28 所示。

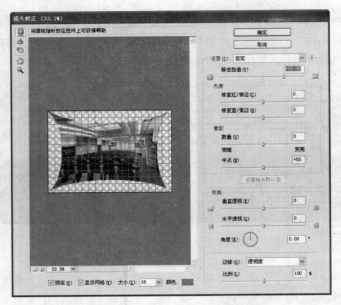

图 5-28 拖动"移去扭曲"滑块去除扭曲

04 单击"确定"按钮应用校正。

❖ 5.1.5 使用"变形"命令完美贴图

■ **任务导读**

创造蒙太奇效果时，有时需要对象与几何表面相符。要完成此任务，就需要用到"自由变换"中的"变形"命令。如图 5-29 所示为将插画贴在易拉罐上的效果。

图 5-29 使用"变形"命令贴图

■ 任务驱动

要使用"变形"命令贴图,可执行以下步骤。

01 选择"文件"→"打开"命令,打开"光盘\素材\ch05\图 04.jpg"和"底纹.psd"图像。

02 选择"移动工具"，将"底纹"拖曳到"图 04"中,并调整位置,如图 5-30 所示。

03 按 Ctrl+T 组合键执行变换命令,在界定框内右击,在弹出的快捷菜单中选择"变形"命令,此时的界定框如图 5-31 所示。

图 5-30 拖曳图片

图 5-31 执行"变形"命令

04 拖动 4 个角上的锚点,将其对齐到罐体上,如图 5-32 所示。

05 拖动左侧锚点的控制点,使图片左侧弯曲进而对齐到罐体上,如图 5-33 所示。

图 5-32 贴合图片

图 5-33 调整锚点(1)

06 拖动右侧锚点的控制点,使图片右侧弯曲进而对齐到罐体上,如图 5-34 所示。

07 同理,拖动上下两处的锚点,使图片符合上下边缘,如图 5-35 所示。

图 5-34　调整锚点（2）

图 5-35　调整锚点（3）

高手指点：在进行变换操作的过程中，如果对变换的结果不满意，可按 Esc 键取消操作。

08　调整完毕后按 Enter 键完成变换，效果如图 5-36 所示。

09　在"图层"面板中为其添加"线性加深"混合模式，使其和底纹更加契合，如图 5-37
所示。

图 5-36　完成变换

图 5-37　添加混合模式

5.2 │ 添加图像特效

　　在 Photoshop CS4 中，用户不仅可以绘制各种效果的图形，还可以通过综合运用各种命令
来给照片制造多种多样的特殊效果。

5.2.1 使用图层混合模式制作倒影效果

■ 任务导读

因为拍摄角度的限制或者天气的限制，不能拍出所必需的倒影效果时，利用动感模糊、复制图层和图层混合模式就可以制造出完美的倒影效果。如图 5-38 所示为添加倒影的前后对比效果。

图 5-38 添加倒影的前后效果对比

■ 任务驱动

要制作倒影效果，可执行以下步骤。

01 选择"文件"→"打开"命令，打开"光盘\素材\ch05\图 12.jpg"图像。

02 选择"多边形套索工具"，在图像中创建选区，如图 5-39 所示。

03 选择"图层"→"新建"→"通过拷贝的图层"命令，将选区复制到新图层，如图 5-40 所示。

图 5-39 创建选区

图 5-40 复制选区

[**高手指点：** 如果没有创建选区，执行"通过拷贝的图层"命令时，可以快速复制当前图层。]

04 选择"图层 1"并按下 Ctrl+T 组合键，在界定框中右击，在弹出的快捷菜单中选择"垂直翻转"命令，再按 Enter 键确定，如图 5-41 所示。

05 使用移动工具调整位置，如图 5-42 所示。

图 5-41 变换图像

图 5-42 调整位置

06 选择"图层 1"，选择"滤镜"→"模糊"→"动感模糊"命令，打开"动感模糊"对话框，设置"距离"为 25 像素，如图 5-43 所示。

07 在"图层"面板中设置混合模式为"强光"，"不透明度"为 80%，如图 5-44 所示。

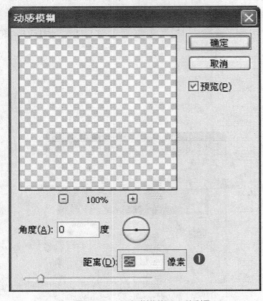

图 5-43 "动感模糊"对话框

图 5-44 设置混合模式

5.2.2　使用"高反差保留"命令突出前景

■ 任务导读

如果风景中包含有趣或精彩的细节，则通过突出这些细节可以改进照片。使用"高反差保留"命令可以轻松地突出照片的精彩细节。如图 5-45 所示为执行"高反差保留"命令前后的图像对比效果。

图 5-45　调整前后的图像对比效果

■ 任务驱动

要突出精彩的细节，可执行以下步骤。

01 选择"文件"→"打开"命令，打开"光盘\素材\ch05\图 06.jpg"图像。

02 选择"套索工具"，在花丛周围创建选区，如图 5-46 所示。

03 选择"选择"→"修改"→"羽化"命令，打开"羽化选区"对话框，设置"羽化半径"为 10 像素，如图 5-47 所示。羽化选区可以避免花丛与周围区域之间出现锐利的边缘。

04 选择"图层"→"新建"→"通过拷贝的图层"命令，将选区复制到新图层，并在混合模式中应用"叠加"模式，如图 5-48 所示。

05 选择"滤镜"→"其他"→"高反差保留"命令，打开"高反差保留"对话框，设置"半径"为 10 像素，单击"确定"按钮应用高反差保留，如图 5-49 所示。

图 5-46　创建选区

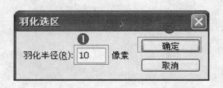

图 5-47　"羽化选区"对话框

图 5-48　复制图层并应用"叠加"模式

图 5-49　"高反差保留"对话框

5.2.3　使用"动感模糊"命令制作赛车运动效果

■ 任务导读

在 Photoshop 中，使用"动感模糊"滤镜可以制造一种流畅的速度感。如图 5-50 所示为使用动感模糊前后的图像对比效果。

图 5-50　使用动感模糊前后的图像对比效果

■ **任务驱动**

使用"动感模糊"命令制作赛车运动效果的具体操作步骤如下。

01 选择"文件"→"打开"命令，打开"光盘\素材\ch05\图 11.jpg"图像。

02 在"图层"面板中，将"背景"图层拖曳到"创建新图层"按钮 上复制一个，得到"背景副本"图层，双击"背景"图层为其解锁，自动生成"图层 0"，如图 5-51 所示。

03 选择"图层 0"，再选择"多边形套索工具" ，为赛车创建选区，如图 5-52 所示。

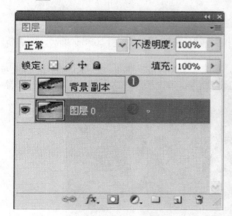

图 5-51　复制图层　　　　　　　　　　　　图 5-52　创建选区

04 选择"选择"→"反向"命令来反选选区，按 Delete 键删除，如图 5-53 所示。

05 选择"背景副本"图层，选择"滤镜"→"模糊"→"动感模糊"命令，打开"动感模糊"对话框，设置"距离"为 85 像素，如图 5-54 所示。

06 在"图层"面板上，将"图层 0"拖曳至顶层，完成设置。

图 5-53　反选选区　　　　　　　　　图 5-54　设置动感模糊

■ 参数解析

- 角度：用来设置模糊的方向，可以输入角度数值，也可以拖动指针调整角度。
- 距离：用来设置像素移动的距离。

5.2.4　使用"高斯模糊"命令调整景深效果

■ 任务导读

"高斯模糊"滤镜可以增加低频细节，使图像产生一种朦胧的效果。如图 5-55 所示为高斯模糊的前后对比效果。

图 5-55　高斯模糊的前后对比效果

■ **任务驱动**

使用高斯模糊调整景深的具体步骤如下。

01 选择"文件"→"打开"命令，打开"光盘\素材\ch05\图 07.jpg"图像。

02 选择"套索工具" 🔎，在人物周围创建选区，如图 5-56 所示。

03 选择"选择"→"修改"→"羽化"命令，打开"羽化选区"对话框，设置"羽化半径"为 20 像素，如图 5-57 所示。羽化选区可以避免人物与背景之间出现锐利的边缘。

图 5-56　创建选区

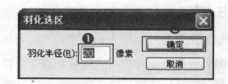

图 5-57　"羽化选区"对话框

04 选择"选择"→"反向"命令，反选选区，如图 5-58 所示。

05 选择"滤镜"→"模糊"→"高斯模糊"命令，打开"高斯模糊"对话框，设置"半径"为 4.4 像素，如图 5-59 所示。

图 5-58　反选选区

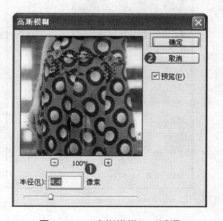

图 5-59　"高斯模糊"对话框

06 选择模糊工具，在人物边缘进行涂抹，使边缘柔和。

5.2.5 使用 "特殊模糊" 命令为风景照片制作水彩效果

■ 任务导读

"特殊模糊"可以精确地模糊对象。如图 5-60 所示为图像经过特殊模糊之后的水彩画效果。

图 5-60 特殊模糊前后的图像对比效果

■ 任务驱动

要为风景照片制作水彩效果，可执行以下步骤。

01 选择 "文件" → "打开" 命令，打开 "光盘\素材\ch05\图 08.jpg" 图像。

02 选择 "滤镜" → "模糊" → "特殊模糊" 命令，打开 "特殊模糊" 对话框。

03 设置 "半径" 大小为 4.1，"阈值" 大小为 42.8，然后单击 "确定" 按钮应用模糊，如图 5-61 所示。

图 5-61 设置 "特殊模糊" 对话框

04 选择"滤镜"→"纹理"→"纹理化"命令，打开"纹理化"对话框，在"纹理"下拉列表框中选择"砂岩"选项，用来模拟水彩纸的质地，其他设置如图5-62所示。

图5-62　设置"纹理化"对话框

■ 参数解析

- 半径：用来设置模糊的范围，该值越高，模糊效果越明显。
- 阈值：用来确定像素具有多大差异后才会被模糊。
- 品质：用来设置图像的品质，包括"高"、"中等"和"低"3种品质。
- 模式：在该下拉列表框中可以选择产生模糊效果的模式。在"正常"模式下不会添加特殊的效果；在"仅限边缘"模式下会以黑色显示图像，以白色描绘出图像边缘像素亮度值变化强烈的区域；在"叠加边缘"模式下则以白色描绘出图像边缘像素亮度值变化强烈的区域。

5.2.6　使用"双色调"命令创建旧照片效果

■ 任务导读

Photoshop 使创建有色调的图像成为可能，当需要一些不同的图像效果时，"双色调"命令就可大展身手了。如图5-63所示为使用双色调调整的前后对比效果。

图5-63　使用双色调调整的前后对比效果

■ **任务驱动**

要创建旧照片效果，可执行以下步骤。

|01| 选择〝文件〞→〝打开〞命令，打开〝光盘\素材\ch05\图 09.jpg〞图像。

|02| 选择〝图像〞→〝模式〞→〝灰度〞命令，将图像转换为灰度模式，在弹出的〝信息〞
提示框中单击〝扔掉〞按钮，效果如图 5-64 所示。

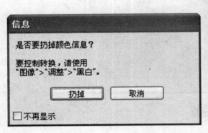

图 5-64　调整为黑白效果

|03| 选择〝图像〞→〝模式〞→〝双色调〞命令，打开〝双色调〞选项对话框。

|04| 单击第一个色板，并选择用于双色调的第一个颜色，在弹开的〝选择油墨颜色〞对话
框中设置颜色为（C：55，M：74，Y：74，K：79）。同理，选择第二个色调为（C：27，M：80，
Y：100，K：21），如图 5-65 所示。

|05| 单击第一个色板左侧的曲线，打开〝双色调曲线〞对话框，进行如图 5-66 所示的
设置。

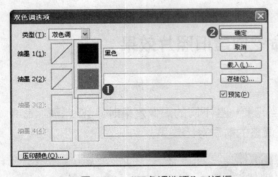
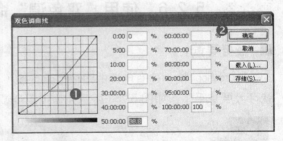

图 5-65　〝双色调选项〞对话框　　　图 5-66　调整〝双色调曲线〞对话框（1）

高手指点：在〝双色调选项〞对话框中，从〝类型〞下拉列表框中还可以选择想要的〝单色
调〞、〝三色调〞和〝四色调〞图像。

|06| 同理，调整第二个色板的曲线，最终效果如图 5-67 所示。

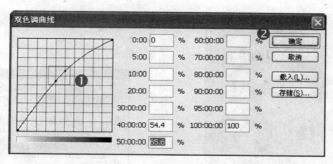

图 5-67 调整"双色调曲线"对话框（2）

高手指点： 创建双色调图像时，始终在第一个色板中指定最暗的颜色，以创建色彩完全饱和的图像。

5.2.7 使用画笔工具增强彩色图像

■ 任务导读

要想增强图像的效果或者更改图像的颜色，使用画笔工具和调整图层的混合模式就可以轻松地实现。如图 5-68 所示为调整前后的对比效果。

图 5-68 调整前后的对比效果

■ 任务驱动

使用画笔工具为图像增色的步骤如下。

01 选择"文件"→"打开"命令，打开"光盘\素材\ch05\图 10.jpg"图像，如图 5-69 所示。

02 在"图层"面板上单击"创建新图层"按钮，新建一个图层，并将混合模式设置为"颜色"，如图 5-70 所示。

图 5-69　素材图片

图 5-70　新建图层并设置模式

03 选择〝画笔工具〞 ✎，并在选项栏中设置相应的大小和较柔和的笔尖，如图 5-71 所示。

04 在工具箱中单击〝设置前景色〞按钮■，在弹开的〝拾色器〞对话框中设置前景色为 (C：0，M：100，Y：100，K：0) 的红色，如图 5-72 所示。

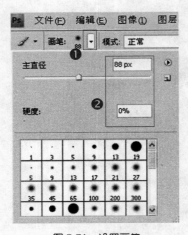

图 5-71　设置画笔

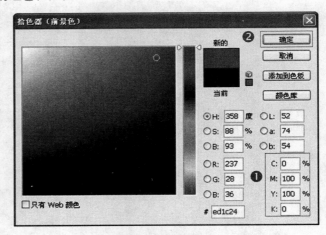

图 5-72　设置前景色

05 使用画笔在人物的衣服上进行涂抹，在涂抹时应随时更换画笔的大小来涂抹衣物的边缘部分。如图 5-73 所示为完成修复后的效果。

> **高手指点：**在使用画笔工具时，按［键可减小画笔直径，按］键可增加画笔直径；对于实边圆、柔边圆和书法画笔，按 Shift +［组合键可减小画笔硬度，按 Shift +］组合键可增加画笔硬度。

06 如果觉得颜色深了，可以通过设置〝不透明度〞来调整颜色效果，此处设置该图的不透明度为 90%，如图 5-74 所示。

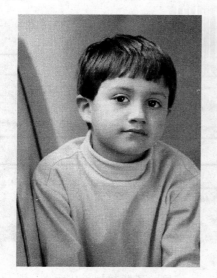

图 5-73 修复后的效果

图 5-74 设置不透明度

5.3 | 本章小结

　　本章主要讲解 Photoshop CS4 中的修饰和变换功能，利用它可以改变图像以完成各种任务：改进合成、校正扭曲或缺陷、创造性地处理图片元素、添加或移除项目、锐化或模糊等。用户在实际操作可根据实际情况的需要进行不同的操作。

Chapter

06

使用文字

本章知识点

● 输入文字效果
● 特殊文字效果

文字是平面设计的重要组成部分，它不仅可以传达信息，还能起到美化版面、强化主题的作用。Photoshop 提供了多个用于创建文字的工具，文字的编辑和修改方法也非常灵活。

6.1 | 输入文字效果

文字是人们传达信息的主要方式，因此它在设计工作中显得尤为重要。字的不同大小、颜色及不同的字体，传达给人的信息也不相同，所以用户要熟练地掌握关于文字的输入与设定的方法。

6.1.1 输入文字

■ **任务导读**

在 Photoshop 中可以制作各种绚丽的文字效果，在制作之前，首先来学习如何输入文字。

■ **任务驱动**

使用文件工具输入文字的具体操作步骤如下。

01 选择 "文件" → "打开" 命令，打开 "光盘\素材\ch06\图 01.jpg" 图像，如图 6-1 所示。

02 选择 "文字工具" **T**，并在选项栏中设置字体为 "华文新魏"，大小为 20 点，其他为默认设置，如图 6-2 所示。

03 在需要输入文字的位置单击鼠标，为文字设置插入点。此时插入点会显示为闪烁的文字输入状态，如图 6-3 所示。输入文字，如图 6-4 所示。

图 6-1　素材图片

图 6-2　文字工具选项栏

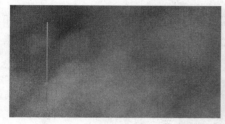

图 6-3　设置插入点

图 6-4　输入文字

04 文字输入完成后，单击选项栏中的"提交所有当前编辑"按钮 ✔，即可创建点文字，Photoshop 会自动在"图层"面板中创建一个文字图层，如图 6-5 所示。

图 6-5　文字输入完毕

05 选择"文字工具" T，并在选项栏中设置字体为"黑体"，大小为 10 点，其他为默认设置。

06 在画面中单击鼠标并向右下角拖出一个定界框，此时画面会显示为闪烁的文字输入状态，如图 6-6 所示。在定界框中输入文字，如图 6-7 所示。

图 6-6　拖曳出界定框　　　　　　　　　　图 6-7　输入文本

07 输入完成后，按 Ctrl+Enter 键可创建段落文字。

■ **应用工具**

　　输入文字的工具有"横排文字工具" T 、"直排文字工具" IT 、"横排文字蒙版工具" T 和
"直排文字蒙版工具" 4 种，后两种工具主要用来建立文字形选区。文字工具在 Photoshop 工
具栏中的位置如图 6-8 所示。

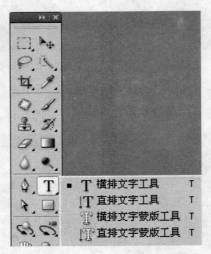

图 6-8　文字工具的位置

6.1.2　设置文字属性

■ **任务导读**

　　创建点文字后，用户可以更改文字属性，也可以在文本中插入新的文字、更改现有文字或
者删除文字。下面继续上文的操作，看看如何编辑点文字。

■ **任务驱动**

要使用选项栏编辑点文字，可执行以下步骤。

`01` 继续使用上文所创建的文本。

`02` 选择 "横排文字工具" **T**，按 Ctrl＋A 组合键选择所有文字，如图 6-9 所示。

`03` 在选项栏上设置字体为 "方正粗倩简体"、大小为 18 点、颜色为 (C：0，M：100，Y：100，K：0) 的红色，如图 6-10 所示。

图 6-9　选择文字

图 6-10　设置选项栏

`04` 单击选项中的 "提交所有当前编辑" 按钮✔，文字效果如图 6-11 所示。

图 6-11　文字效果

■ **参数解析**

使用文字工具时，可对文字工具的基本参数进行设置，其选项栏如图 6-12 所示。

图 6-12　文字工具的选项栏

- "更改文字方向" 按钮：单击此按钮，可以在横排文字和竖排文字之间进行切换。
- 字体设置框：在该下拉列表框中可以设置字体类型。
- 字号设置框：在该下拉列表框中可以设置文字大小。
- 消除锯齿设置框：消除锯齿的方法包括 "无"、"锐利"、"犀利"、"浑厚" 和 "平滑" 等，通常设定为 "平滑"。
- 段落格式设置区：包括 "左对齐" 按钮、"居中对齐" 按钮和 "右对齐" 按钮。
- 文本颜色设置项■：单击可以弹出拾色器，从中可以设定文本颜色。
- ⊘：取消当前的所有编辑。
- ✔：提交当前的所有编辑。

在对文字大小进行设定时，可以先通过文字工具拖曳选择文字，然后使用快捷键对文字大小进行更改，使用 Ctrl+Shift+>组合键增大字号，使用 Ctrl+Shift+<组合键减小字号。在对文字间距进行设置时，可以使用 Alt 键加左右方向键来改变字的间距。Alt 加左方向键可以减小字符的间距，Alt 加右方向键可以增大字符的间距。在对文字行间距进行设置时，可以使用 Alt 键加上下方向键来改变行间距。Alt 加上方向键可以减小行间距，Alt 加下方向键可以增大行间距。文字输入完毕，可以使用 Ctrl+Enter 组合键提交文字输入。

■ 使用技巧

01 编辑文字时，选择文字工具后，将光标移至文字上，单击鼠标设置文字插入点，如图 6–13 所示。

02 此时便可以在原文本中加入文字，如图 6–14 所示。

图 6-13　插入光标点 　　　　　　　　　　　　图 6-14　插入文字

> **高手指点：**按下键盘中的方向键可移动文字插入点。

03 在输入的文字上单击并拖动鼠标，将其选择，被选择的文字呈高亮显示，如图 6–15 所示。

图 6-15　选择文字

04 按 Delete 键可将其删除，如图 6–16 所示。

图 6-16　删除文字

6.1.3　设置段落属性

■ 任务导读

创建段落文字后，可以根据需要调整界定框的大小，文字会自动在调整后的界定框中重新排列。通过界定框还可以旋转文字、缩放和斜切文字。继续上文的操作，下面来了解如何编辑段落文字。

■ 任务驱动

要使用选项栏设置段落文字，可执行以下步骤。

01 继续使用上文所创建的文本。

02 选择"横排文字工具"[T]，将光标移至文字中，单击鼠标设置插入点，可显示文字的界定框，如图 6-17 所示。

03 将光标移至右下角的控制点上，单击并拖动鼠标调整界定框的大小，文字会在调整后的界定框中重新排列，如图 6-18 所示。

图 6-17 显示界定框

图 6-18 调整界定框

04 单击选项栏上的"显示/隐藏字符和段落面板"按钮，打开"字符和段落"面板，如图 6-19 所示。

05 按 Ctrl＋A 组合键选择所有文字，在"字符"面板上设置行距为 8、字距为 10，如图 6-20 所示。

图 6-19 "字符和段落"面板

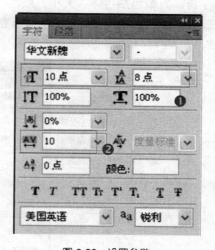

图 6-20 设置参数

06 切换到"段落"面板上，单击"在最后一行左对齐"按钮将文字对齐，如图 6-21 所示。

07 将光标移至最前方，按两次 Enter 键，将文字后退两格，再单击选项栏中的"提交所有当前编辑"按钮✔，最终效果如图 6-22 所示。

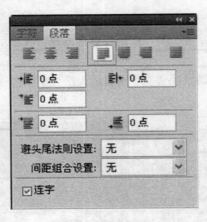

图 6-21 "段落"面板

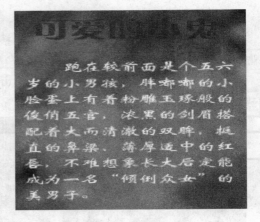

图 6-22 设置完成

> **高手指点：**要在调整定界框大小时缩放文字，应在拖曳手柄的同时按住 Ctrl 键。点文本和段落文本可以相互转换，用"移动工具" 选择文字图层，然后选择"窗口"→"图层"→"文字"→"转换为段落文本/点文本"命令即可。若要旋转定界框，可将指针定位在定界框外，此时指针会变为弯曲的双向箭头 ，按住 Shift 键并拖曳可将旋转限制为按 15° 进行。要更改旋转中心，按住 Ctrl 键并将中心点拖曳到新位置即可。中心点可以在定界框的外面。

■ **参数解析**

　　"字符"面板包括字体、大小、颜色、行距等的设置，如图 6-23 所示。输入文字之前，可以在选项栏中设置文字属性，也可以在输入文字之后为选择的文本或者字符重新设置这些属性。

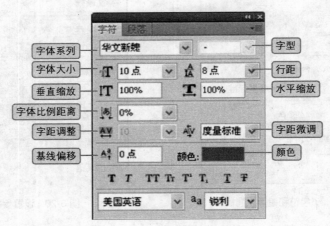

图 6-23 "字符"面板

- 设置字体：单击"字体系列"选项右侧的 按钮，在打开的下拉列表框中可以为文字选择字体。
- 设置文字大小：单击字体大小 选项右侧的 按钮，在打开的下拉列表框中可以为文字选择字号，也可以在数值栏中直接输入数值来设置字体大小。
- 设置文字颜色：单击"颜色"选项中的色块，可以在打开的"拾色器"对话框中设置字体颜色。

- 行距：用于设置文本中各个文字之间的垂直距离。
- 字距微调：用于调整两个字符之间的间距。
- 字距调整：用于设置整个文本中所有的字符。
- 水平缩放与垂直缩放：用于调整字符的宽度和高度。
- 基线偏移：用于控制文字与基线的距离。

6.2 | 特殊文字效果

在 Photoshop CS4 中，用户不仅可以使用文字工具输入文字，还可以通过综合运用各种命令来给文字制造多种多样的特殊效果。

6.2.1 使用"变形文字"面板制作鱼形文字效果

■ 任务导读

变形文字是指对创建的文字进行变形处理后得到的文字，例如，可以将文字变形为扇形、旗帜等形状。如图 6-24 所示为鱼形文字效果。

图 6-24 鱼形文字效果

■ 任务驱动

要制作鱼形文字效果，可执行以下步骤。

01 选择"文件"→"打开"命令，打开"光盘\素材\ch06\图 02.jpg"图像。

02 选择"横排文字工具" **T**，在选项栏中设置文字字体、大小和颜色，如图 6-25 所示。

图 6-25　设置字体、大小和颜色

> 03　在画面上单击鼠标，输入文字内容，如图 6-26 所示。

图 6-26　输入文字

> 04　在选项栏单击"变形文字"按钮，打开"变形文字"对话框，在"样式"下拉列表框中选择"鱼形"。
> 05　设置"弯曲"为+69，来控制鱼形弯曲的程度；"水平扭曲"设置为−18，用来调整字体透视，如图 6−27 所示。
> 06　单击选项栏中的"提交所有当前编辑"按钮，最终效果如图 6−28 所示。

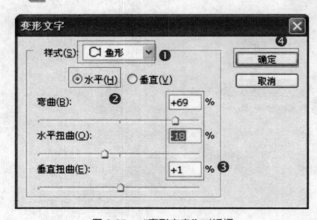

图 6-27　"变形文字"对话框

图 6-28　设置完成后的效果

> 07　在"图层"面板下单击"图层样式"按钮，在弹出的菜单中选择"投影"命令，在打开的"图层样式"对话框中设置如图 6−29 所示的参数。
> 08　单击"确定"按钮完成投影设置，最终效果如图 6−30 所示。

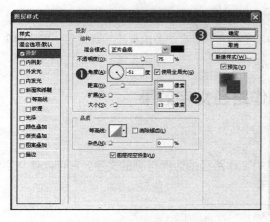

图 6-29 "图层样式"对话框　　　　　　　　图 6-30 设置投影后的效果

> **高手指点**：使用横排文字蒙版工具和直排文字蒙版工具创建选区时，在文本输入状态同样可以对其进行变形操作，这样就可以得到文字变形选区。

■ 参数解析

在"变形文字"对话框中可以设置变形选项，包括文字的变形样式和变形程度，如图 6-31 所示。

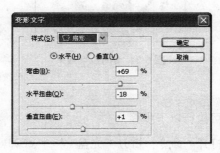

图 6-31 "变形文字"对话框

- 样式：在该下拉列表框中可以选择文本变形的样式。Photoshop CS4 中提供了 15 种样式，变形样式名称前的缩览图显示了变形的预览效果。
- 水平、垂直：选中"水平"单选按钮，可将文本扭曲的方向设置为水平，如图 6-32 所示；选中"垂直"单选按钮，则可将文本扭曲的方向设置为垂直，如图 6-33 所示。

图 6-32 水平变形　　　　　　　　图 6-33 垂直变形

- 弯曲：用来设置文本的弯曲程度，可以在数值框中输入数值，也可拖动滑块进行调整。
- 水平扭曲、垂直扭曲：用来设置文本的水平扭曲和垂直扭曲的程度，调整水平扭曲和垂直扭曲后，可以使文本产生透视效果。

6.2.2 使用钢笔工具制作路径文字效果

■ **任务导读**

路径文字是指沿着用钢笔或形状工具创建的工作路径的边缘排列的文字，它可以使文字沿所在的路径排列出图形的效果，如图6-34所示。

图 6-34 路径文字效果

■ **任务驱动**

要制作路径文字效果，可执行以下步骤。

01 选择"文件"→"打开"命令，打开"光盘\素材\ch06\图03.jpg"图像。

02 选择"钢笔工具" ，沿乐器边缘绘制一条路径，如图6-35所示。

图 6-35 绘制路径

03　选择"横排文字工具"，在选项栏中设置文字字体、大小和颜色，如图 6-36 所示。

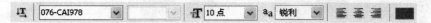

图 6-36　设置文字字体、大小和颜色

04　将光标移至路径上，当光标显示为状时，单击鼠标设置文字插入点，画面中会显示为闪烁的文本输入状态，如图 6-37 所示。

05　在画面中输入文字，如图 6-38 所示。

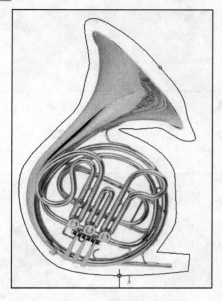

图 6-37　设置插入点

图 6-38　输入文字

06　按 Ctrl + Enter 键结束编辑，可创建路径文字。在"路径"面板的空白处单击可隐藏路径。

■　使用技巧

选择"直接选择工具"，在路径上单击显示出锚点，移动锚点的位置可以修改路径的形状，如图 6-39 所示。此时文字会沿修改后的路径重新排列，如图 6-40 所示。

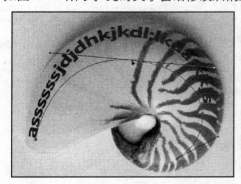

图 6-39　移动锚点

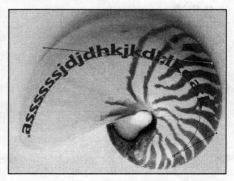

图 6-40　路径文字变化

将光标移至路径文字上，光标在路径上会显示为 状，如图 6-41 所示。单击并向路径内部拖动鼠标，可沿路径翻转文字，如图 6-42 所示。

图 6-41　光标状态

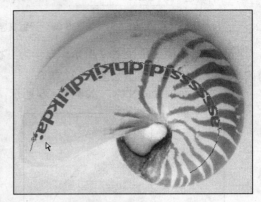

图 6-42　翻转文字

翻转文字后，沿路径拖动鼠标可移动文字，如图 6-43 所示。向路径外部拖动鼠标，则可以将文字翻转回去，如图 6-44 所示。

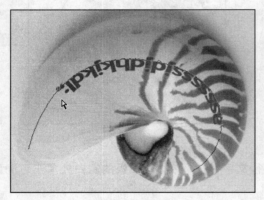

图 6-43　移动文字

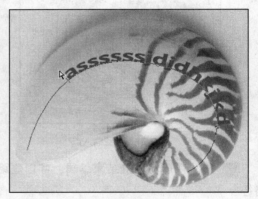

图 6-44　翻转文字

6.2.3　使用"栅格化"命令栅格化文字

■ 任务导读

文字图层是一种特殊的图层，要想对文字进行进一步的处理，需要对文字进行栅格化处理，即将文字转换成一般的图像再进行处理。

■ 任务驱动

使用"栅格化"命令栅格化文字的具体操作步骤如下。

01 用"移动工具" 选择文字图层，如图 6-45 所示。

02 选择"图层"→"栅格化"→"文字"命令，栅格化后的图层效果，如图 6-46 所示。

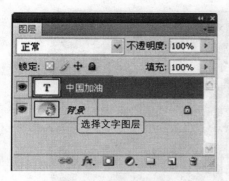
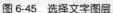

图 6-45   选择文字图层

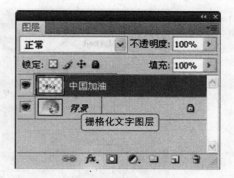

图 6-46   栅格化文字图层

> **高手指点：** 文字图层栅格化以后就成了一般图形，而不再具有文字的属性。文字图层成为普
> 通图层后，可以对其直接应用滤镜命令。

■ 使用技巧

在文字图层上右击，在弹出的快捷菜单中选择"栅格化文字"命令，也可栅格化文字，如
图 6-47 所示。

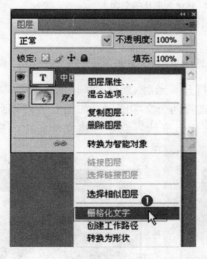
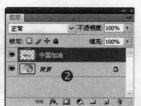

图 6-47   利用快捷菜单栅格化文字图层

6.2.4   使用"转化为形状"命令处理文字

■ 任务导读

Photoshop CS4 还可以将文字转化为形状后再进行处理。文字转换后，可以使用锚点编辑工
具进行修改，这样可以基于文字的轮廓制作出变化更为丰富的变形文字轮廓。如图 6-48 所示
为变形文字效果。

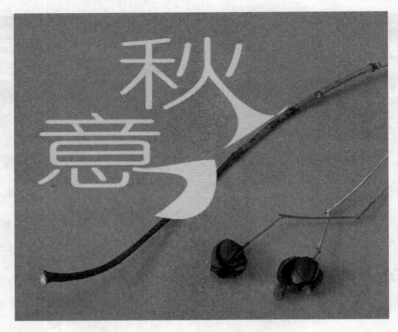

图 6-48　转化为形状的文字

■ **任务驱动**

使用"转化为形状"命令变形文字的具体操作步骤如下。

01　选择"文件"→"打开"命令，打开"光盘\素材\ch06\图 05.psd"图像。

02　在"图层"面板上，按住 Ctrl 键选择两个文字图层，如图 6-49 所示。

03　选择"图层"→"文字"→"转化为形状"命令，将文字转化为形状，如图 6-50
所示。

图 6-49　选择图层

图 6-50　转化为形状图层

04　选择"直接选择工具" ▶，在文字路径上单击显示出锚点，移动锚点的位置可以修改
路径的形状，如图 6-51 所示。

05　同理，通过调整另外一个文字的路径来更改形状，如图 6-52 所示。

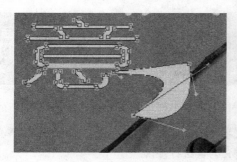

图 6-51　移动锚点　　　　　　　　　　　　　　图 6-52　更改形状

高手指点：文字转化为形状后就成为了形状图层，不再具有文字的属性，但可以使用调整形状的方法对其进行外理。

6.2.5　使用蒙版文字工具创建文字选区效果

■　任务导读

　　Photoshop CS4 可以通过"横排文字蒙版工具"，"直排文字蒙版工具"创建文字形状的选区。文字选区出现在当前图层中，而不生成新的图层，它们可以像任何其他的选区一样被移动、复制、填充或描边。

■　任务驱动

　　要创建文字选区效果，可执行以下步骤。

01　选择"文件"→"打开"命令，打开"光盘\素材\ch06\图 06.jpg"图像。

02　选择"横排文字蒙版工具"，在画面单击鼠标并输入文字，如图 6-53 所示。

03　文字输入完成后，单击选项栏中的"提交所有当前编辑按钮"，即可创建选区文字，如图 6-54 所示。

图 6-53　输入文字　　　　　　　　　　　　　　图 6-54　完成输入

04　设置前景色为（C：0，M：100，Y：100，K：0）的红色，并按 Alt+Delete 组合键填充，如图 6-55 所示。

05　选择"编辑"→"描边"命令，为其描 2 像素的白色边框，再按 Ctrl+D 组合键取消选区，如图 6-56 所示。

图 6-55　填充颜色　　　　　　　　　　　　图 6-56　添加描边效果

高手指点： 在输入状态未提交之前，可以更改文字的所有属性，但提交成为选区后就不再具有文字的任何属性了，用户只能用修改选区的方法对其进行修改。

6.3 | 本章小结

　　文字的输入与处理一直是 Photoshop 的弱点，但在 Photoshop CS4 中使用文本工具时，用户适时地预览到字体类型、行距、字距、颜色的改变，编辑文本非常简单方便。多样、简洁的文字效果可以让用户随心所欲地编辑想要的效果，用户可以如控制图形一样轻松地控制文本。在学习编辑文本方法的同时，读者可以充分发挥自己的创造力。

07

使用图层

本章知识点

- 图层的基本概念和操作
- 智能对象
- 使用"图层"面板

- 使用图层的混合模式
- 使用蒙版图层
- 使用图层样式

图层是 Photoshop 最为核心的功能之一，它承载了几乎所有的编辑操作。如果没有图层，所有的图像都将处在同一个平面上，这对于图像的编辑来说简直是无法想象的。正是因为有了图层，Photoshop 才变得如此强大。本章将介绍使用"图层"面板、图层混合模式和图层样式等内容。

7.1 | 图层的基本概念和操作

7.1.1 图层的基本概念

基本概念   （路径：光盘\MP3\什么是图层）

一个图层就好像是一张透明的纸，用户要做的就是在几张透明的纸上分别作画，再将这些纸按一定的次序叠放在一起，使它们共同组成一幅完整的图像，如图 7-1 所示。

图层的出现使平面设计进入了另一个世界，那些复杂的图像一下子变得简单清晰起来。通常认为 Photoshop 中的图层有 3 种特性：透明性、独立性、叠加性。

图 7-1   "图层"展示

1. 透明性

图层就好像是一层一层的透明纸，在没有绘制色彩的部位通过上一层可以看到下一层中的内容，如图 7-2 所示。

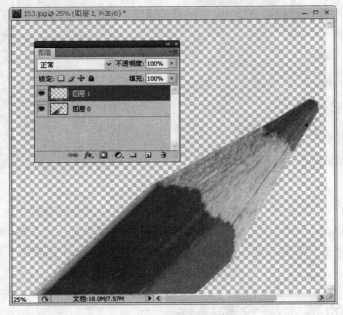

图 7-2　图层的透明性

用户可以看到，即使图层 0 上面有图层 1，但是透过图层 1 仍然可以看到图层 0 中的内容，这说明图层 1 具备了图层的透明性。

2. 独立性

为了灵活地操作一幅作品中任何一部分的内容，在 Photoshop 中可以将作品中的每一部分放到一个图层中。图层与图层之间是相互独立的，对其中的一个图层进行操作，其他图层不会受到干扰。图层调整前后的对比效果如图 7-3 所示。

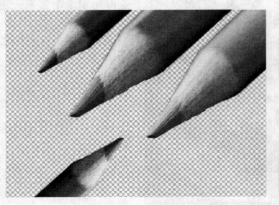 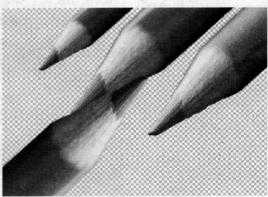

图 7-3　图层调整前后的对比效果

用户可以看到，当改变其中一个对象的时候，其他的对象保持原状，这说明图层相互之间保持了一定的独立性。

3. 叠加性

图层之间的叠加关系指当上一个图层中有图像信息的时候，它会掩盖下一个图像中的图像信息，如图 7-4 所示。

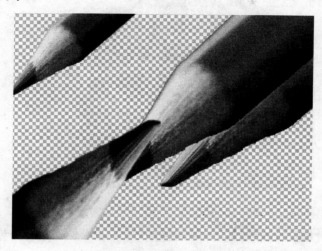

图 7-4 图层的叠加性

7.1.2 图层的分类

在 Photoshop 中，通常将图层分为以下几类。

1. 普通图层

在 Photoshop 中，普通图层显示为灰色的方格层，如图 7-5 所示。

图 7-5 普通图层

普通图层用于承载图像信息，不填充像素的区域是透明的，有像素的区域会遮挡下面图层中的内容，如图 7-6 所示。

图 7-6 叠加的图层

高手指点：选择"编辑"→"首选项"→"透明度与色域"命令，打开"首选项"对话框，如图 7-7 所示。在该对话框中可以设置普通图层的透明显示方式。

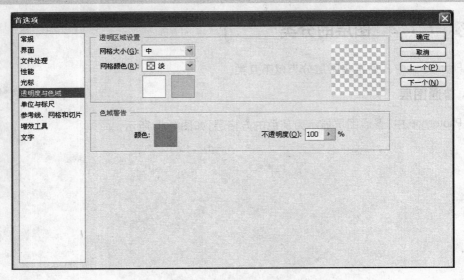

图 7-7 "首选项"对话框

2. 文字图层

文字图层是一种特殊的图层，用于承载文字信息。它在"图层"面板中的缩览图与普通图层不同，如图 7-8 所示。

用户可以通过"栅格化图层"命令将其转换为普通图层，使其具备普通图层的特性，栅格化后的文字图层如图 7-9 所示。

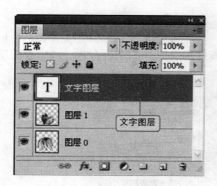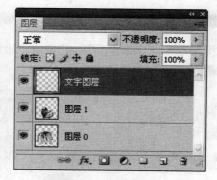

| 图 7-8 文字图层 | 图 7-9 栅格化图层 |

高手指点：文字图层在被栅格化以前，不能使用编辑工具对其操作。

3. 背景图层

一个文件只有一个背景图层，它处在所有图层的下方，如同房屋建筑时的地基。

背景图层会随着文件的新建而自动地生成，其不透明度不可更改、不可添加图层蒙版、不可使用图层样式，如图 7-10 所示。

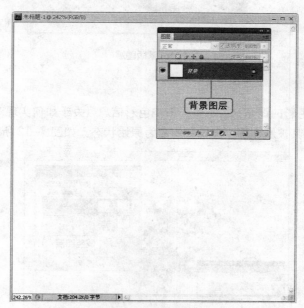

图 7-10 背景图层

高手指点：直接在背景图层上双击，可以快速地将背景图层转换为普通图层；选择"图层"→"新建"→"背景图层"命令，可以在普通图层和背景图层之间相互转换。

4. 形状图层

形状是矢量对象，与分辨率无关。在形状模式状态下，使用形状工具或钢笔工具可以自动地创建形状图层。

5. 蒙版图层

蒙版图层是一种特殊的图层，它依附于除背景图层以外的图层存在，决定着图层上像素的
显示与隐藏，如图 7-11 所示。

图 7-11　蒙版图层

6. 调整图层

可以实现对图像色彩的调整，而不实际影响色彩信息（关于如何实现对图像的影响，后面
会做具体的说明）。当其被删除后，图像仍恢复为原始状态，如图 7-12 所示。

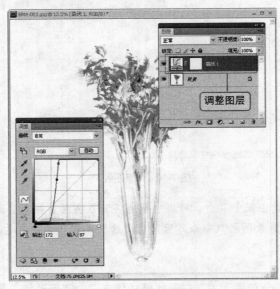

图 7-12　调整图层

7.1.3　当前图层的确定

在 Photoshop 中，大多数操作都是针对当前图层进行的，因此对当前图层的确定十分重要。确定当前图层的方法有以下两种。

- 可以直接单击"图层"面板中的缩览图进行选择，如图 7-13 所示。
- 当图层之间存在着上下叠加关系时，可以在图像工作区中叠加区域单击右键，然后在弹出的菜单中选择需要的图层，如图 7-14 所示。

图 7-13　当前图层（1）

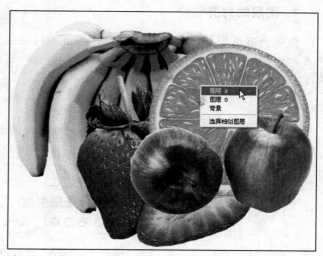

图 7-14　当前图层（2）

7.1.4　图层上下位置关系的调整

改变图层的排列顺序就是改变图层像素之间的叠加次序，这可以通过直接拖曳图层的方法来实现，如图 7-15 所示。

也可以通过选择"图层"→"排列"命令来完成图层的重新排列。Photoshop 提供了 5 种排列方式，"排列"命令子菜单如图 7-16 所示。

图 7-15　调整顺序图层

图 7-16　"排列"命令子菜单

- 置为顶层：将当前图层移动到最上层，快捷键为 Shift+Ctrl+]。
- 前移一层：将当前图层往上移一层，快捷键为 Ctrl+]。
- 后移一层：将当前图层往下移一层，快捷键为 Ctrl+[。
- 置为底层：将当前图层移动到最底层，快捷键为 Shift+Ctrl+[。
- 反向：将选中的图层顺序反转。

7.1.5 图层的对齐与分布

1. 图层的对齐

依据当前图层和链接图层的内容，可以进行图层之间的对齐操作。Photoshop 中提供了 6 种对齐方式。选择"图层"→"对齐"命令，可以弹出"对齐"命令子菜单，如图 7-17 所示。

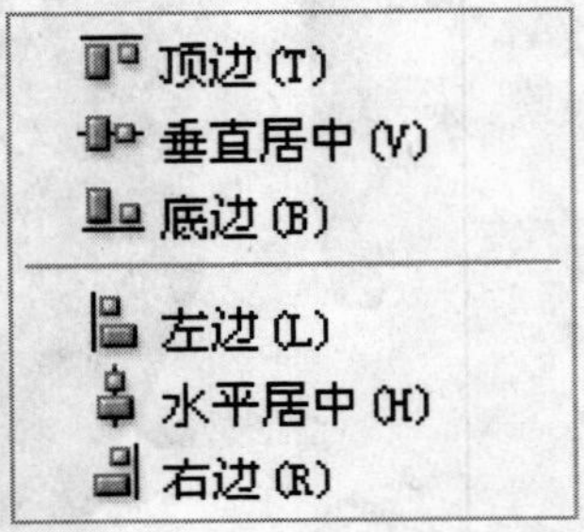

图 7-17 "对齐"命令子菜单

- 顶边：将链接图层顶端的像素对齐到当前工作图层或者选区边框的顶端，以此方式来排列链接图层的效果，如图 7-18 所示。

图 7-18 "顶边"对齐

- 垂直居中：将链接图层的垂直中心像素对齐到当前工作图层或者选区的垂直中心，以此方式来排列链接图层的效果，如图 7-19 所示。

图 7-19 "垂直居中"对齐

● 底边：将链接图层的最下端的像素对齐到当前工作图层或者选区边框的最下端，以此方式来排列链接图层的效果，如图 7-20 所示。

图 7-20 "底边"对齐

● 左边：将链接图层最左边的像素对齐到当前工作图层或者选区边框的最左端，以此方式来排列链接图层的效果，如图 7-21 所示。
● 水平居中：将链接图层水平中心的像素对齐到当前工作图层或者选区的水平中心，以此方式来排列链接图层的效果，如图 7-22 所示。
● 右边：将链接图层的最右端像素对齐到当前工作图层或者选区边框的最右端，以此方式来排列链接图层的效果，如图 7-23 所示。

图 7-21 "左边"对齐　　　图 7-22 "水平居中"对齐　　　图 7-23 "右边"对齐

〔 **高手指点**：Photoshop 只能参照不透明度大于 50% 的像素来对齐链接的图层。 〕

2. 图层的分布

分布是将链接图层之间的间隔均匀地分布，Photoshop 提供了 6 种分布的方式。选择"图层"→"分布"命令，可以弹出"分布"命令子菜单，如图 7-24 所示。

<table>
<tr><td>䷀ 顶边 (T)</td></tr>
<tr><td>䷀ 垂直居中 (V)</td></tr>
<tr><td>䷀ 底边 (B)</td></tr>
<tr><td>䷀ 左边 (L)</td></tr>
<tr><td>䷀ 水平居中 (H)</td></tr>
<tr><td>䷀ 右边 (R)</td></tr>
</table>

图 7-24 "分布"命令子菜单

- 顶边：参照最上面和最下面两个图形的顶边，中间的每个图层以像素区域的最顶端为基础，在最上和最下的两个图形之间均匀地分布链接图层，如图 7-25 所示。
- 垂直居中：参照每个图层垂直中心的像素均匀地分布链接图层，如图 7-26 所示。
- 底边：参照每个图层最下端像素的位置均匀地分布链接图层，如图 7-27 所示。

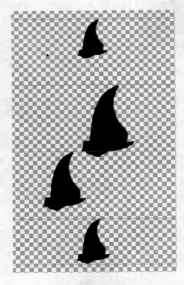

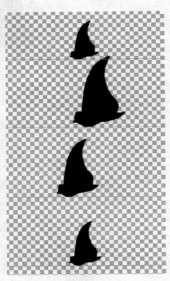

图 7-25 "顶边"对齐　　　　图 7-26 "垂直居中"对齐　　　　图 7-27 "底边"对齐

- 左边：参照每个图层最左端像素的位置均匀地分布链接图层，如图 7-28 所示。
- 水平居中：参照每个图层水平中心像素的位置均匀地分布链接图层，如图 7-29 所示。
- 右边：参照每个图层最右端像素的位置均匀地分布链接图层，如图 7-30 所示。

图 7-28　"左边"对齐　　　　图 7-29　"水平居中"对齐　　　　图 7-30　"右边"对齐

　　对齐和分布操作也可以通过按钮来完成：首先要保证图层处于链接状态，当前工具为移动工具，这时在选项栏中就会出现相应的对齐和分布按钮 。

7.1.6　图层的合并与拼合

　　合并图层即是将多个有联系的图层合并为一个图层，以便于进行整体操作。首先选择所要合并的多个图层，然后选择"图层"→"合并图层"命令即可；也可以通过快捷键 Ctrl+E来完成。

- 向下合并：在没有选择多个图层的状态下，可以将当前图层与其下面的图层合并为一个图层，也可以通过快捷键 Ctrl+E 来完成，如图 7-31 所示。

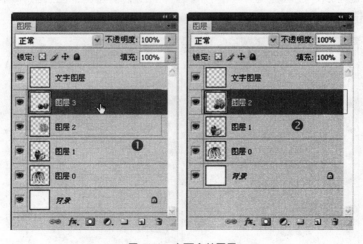

图 7-31　向下合并图层

- 合并可见图层：将所有的显示图层合并到背景图层中，隐藏图层还被保留，也可以通过快捷键 Ctrl+Shift+E 来完成，如图 7-32 所示。

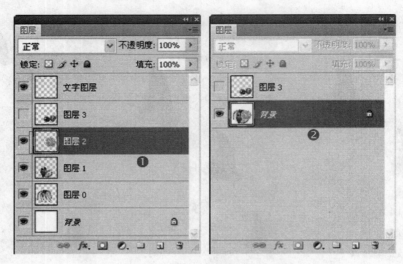

图 7-32　合并可见图层

● 拼合图层：可以将图像中的所有可见图层都合并到背景图层中，隐藏图层则被删除，这样可以大大地降低文件的大小。

7.1.7　图层编组

图层组可以帮助用户组织和管理图层。使用图层组可以很容易地将图层作为一组进行移动、应用属性和蒙版，以及减少"图层"面板中的混乱，甚至可以将现有的链接图层转换为图层组，还可以实现图层组的嵌套。图层组也具有混合模式和不透明度，也可以进行重排、删除、隐藏和复制等操作。

"图层编组"命令用来创建图层组。如果当前选择了多个图层，则可以选择"图层"→"图层编组"命令（也可以通过快捷键 Ctrl+G）将选择的图层编为一个图层组，编组前后的图层效果如图 7-33 所示。

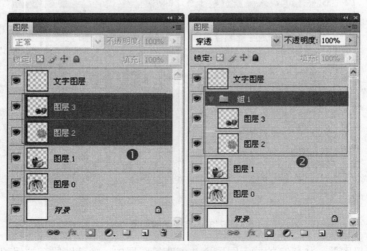

图 7-33　图层编组

如果当前文件中已经创建了图层编组，选择"图层"→"取消图层编组"命令可以取消选择的图层组的编组。

1. 管理图层

将具有统一属性的图像或文字都统一放在相同的文件夹中，这样便于查找和编辑。例如，图 7-34 中将"文字"图层统一放在"文字"组中，而所有的"底纹"则放在"底纹"组中。

图 7-34　图层编组

2. 图层组的嵌套

按下 Ctrl 键然后单击"创建新组"按钮▢，可以实现图层组的嵌套，如图 7-35 所示。

图 7-35　图层嵌套

3. 图层组内图层位置的调整

用户可以通过拖曳实现不同图层组内图层位置的调整，调整图层的前后位置关系将会发生
变化，如图 7-36 所示。

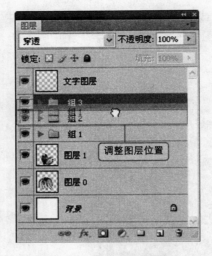

图 7-36　图层组内的调整

∴ 7.1.8 "图层"面板弹出菜单

单击"图层"面板右侧的黑色按钮▤，可以弹出面板菜单，如图 7-37 所示，从中可以完
成如下一些操作。

新建图层...	Shift+Ctrl+N
复制组(D)...	
删除组	
删除隐藏图层	
新建组(G)...	
从图层新建组(A)...	
锁定组内的所有图层(L)...	
转换为智能对象(M)	
编辑内容	
组属性(P)...	
混合选项...	
编辑调整	
创建剪贴蒙版(C)	Alt+Ctrl+G
链接图层(K)	
选择链接图层(S)	
合并组(E)	Ctrl+E
合并可见图层(V)	Shift+Ctrl+E
拼合图像(F)	
动画选项	▶
面板选项...	
关闭	
关闭选项卡组	

图 7-37　"图层"面板菜单

- 新建图层
- 复制图层
- 删除图层
- 删除链接图层
- 删除隐藏图层

7.2 | 智能对象

智能对象是 Photoshop CS4 的新增功能。

智能对象是一种容器，用户可以在其中嵌入栅格或矢量图像数据。举例来说，在 Photoshop 中嵌入另一个 Photoshop 或 Illustrator 文件中的图像数据，嵌入的数据将保留其所有原始特性，并仍然完全可以编辑。用户可以在 Photoshop 中通过转换一个或多个图层来创建智能对象。智能对象使用户能够灵活地在 Photoshop 中以非破坏性的方式缩放、旋转图层和将图像变形。如图 7-38 所示的图层 1 为智能对象。

图 7-38　智能图层

智能对象将源数据存储在 Photoshop 文档内部后，用户就可以随后在图像中处理该数据的复合。当用户想要修改文档（如缩放文档）时，Photoshop 将基于源数据重新渲染复合数据。

智能对象实际上是一个嵌入在另一个文件中的文件。当用户依据一个或多个选定图层创建一个智能对象时，实际上是在创建一个嵌入在原始（父）文档中的新（子）文件。

智能对象非常有用，因为它们允许用户执行以下操作。

- 执行非破坏性变换。例如，用户可以根据需要按任意比例缩放图像，而不会丢失原始图像数据。
- 保留 Photoshop 不会以本地方式处理的数据。例如，Illustrator 中的复杂矢量图片，Photoshop 会自动将文件转换为它可识别的内容。
- 编辑一个图层即可更新智能对象的多个实例。可以将变换（但某些选项不可用，如"透视"和"扭曲"）、图层样式、不透明度、混合模式和变形应用于智能对象。进行更改后，Photoshop 会自动使用编辑过的内容更新图层。

7.3 | 使用"图层"面板

"图层"面板用来创建、编辑和管理图层，以及为图层添加样式。如图 7-39 所示为"图层"面板。

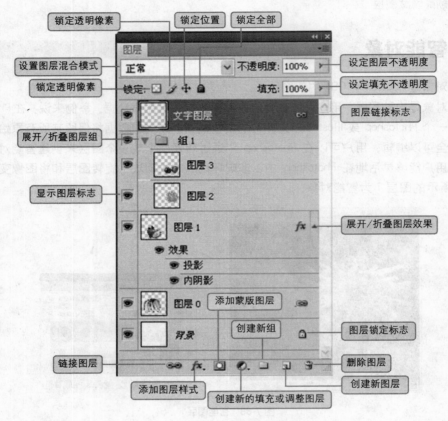

图 7-39　"图层"面板

- 锁定图像像素：单击"图层"面板上部的"锁定图像像素"按钮 ，可以锁定图层中的像素区域，此时在该图层内有像素信息的区域不能进行编辑，但可以进行位置移动操作。
- 锁定位置：单击"图层"面板上部的"锁定位置"按钮 ，可以锁定图层中像素区域的位置，此时该图层上的像素信息的位置就被锁定了，但可以进行其他的编辑操作。
- 锁定全部：单击"图层"面板上部的"锁定全部"按钮 ，图像中的所有编辑操作都将被禁止。
- 设置图层混合模式：决定当前图层与下面图层的混合模式。
- 锁定透明像素：单击"图层"面板上部的"锁定透明像素"按钮 ，可以锁定图层中的透明区域，此时在没有像素的区域内不能进行任何操作。
- 显示图层标志：单击图层左侧的"指示图层可视性"按钮 ，可以将该图层上的像素信息隐藏起来，再次单击"指示图层可视性"按钮 ，又可以将该图层上的像素信息显示出来。
- 展开/折叠图层组：单击该标志可以展开图层组，从而显示出图层组中包含的图层，再次单击可折叠图层组。

- 图层链接标志：可以链接两个或更多个图层或组。与同时选定多个图层不同，链接的图层将保持关联，直至用户取消它们的链接为止。用户可以对链接的图层进行移动、应用变换以及创建剪贴蒙版等操作。
- 添加图层样式：单击该按钮，在打开的菜单中可以为当前图层添加图层样式。
- 添加图层蒙版：单击该按钮，可以为当前图层添加图层蒙版。
- 创建新的填充或调整图层：单击该按钮，在打开的菜单中可以选择创建新的填充图层或调整图层。
- 创建新组：单击该按钮，可以创建一个新的图层组。
- 创建新图层：单击该按钮，可以在当前图层之上新建普通图层。

高手指点：选择"图层"→"新建"→"图层"命令，打开"新建图层"对话框，如图 7-40 所示，通过此方法也可以新建一个图层。

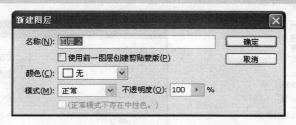

图 7-40 "新建图层"对话框

高手指点：按下 Alt 键后单击"创建新图层"按钮，同样可以弹出"新建图层"对话框，也可以使用快捷键 Ctrl+Shift+N 打开此对话框；按下 Ctrl 键后单击"创建新图层"按钮，可以在当前图层的下面新建一个图层。

- 删除图层：单击"删除图层"按钮，可以弹出确认删除对话框，如图 7-41 所示。单击"是"按钮将删除该图层，单击"否"按钮将取消该次操作。也可以将要删除的图层直接拖曳到"删除图层"按钮上直接删除。

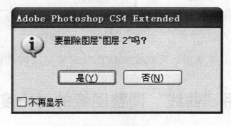

图 7-41 确认删除对话框

高手指点：按下 Alt 键的同时单击"删除图层"按钮将依次向下删除图层，此时不会弹出对话框。

- 图层锁定标志：显示该标志时，表示图层处于部分锁定状态。
- 展开/折叠图层效果：单击该标志可以展开图层效果，从而显示出当前图层添加的效果，再次单击可折叠图层效果。

- 链接图层：用来链接当前选择的多个图层。
- 设定填充不透明度：用于设定整个图层的不透明程度，当"不透明度"的值为 0 时，表示整个图层完全透明；当"不透明度"的值为 100％时，表示整个图层完全显示。

> **高手指点：** 对"不透明度"的调整是对整个图层属性的调整，而不是对某个图像的调整。

- 设置图层不透明度：设置当前图层的不透明度。0 表示当前图层完全透明，数值越大，图层就越不透明，100％时下面图层的内容将完全被当前图层遮挡。
- 启用锁定：当按钮为反白状态 锁定：□ ✓ ✚ ▲ 时，表示锁定功能被启用。
- 解除锁定：当按钮处于正常状态 锁定：□ ✓ ✚ ▲ 时，表示锁定功能被解除。
- 缩览图：它是图层上图像的一个缩小显示。可以通过选择"图层"面板右上角的小黑三角 ▤ 调出的菜单中的"面板选项"命令，弹出"图层面板选项"对话框，如图 7-42 所示，然后对其大小进行设定。

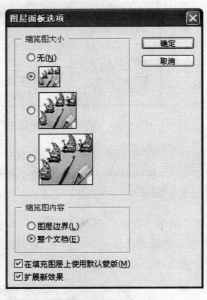

图 7-42　"图层面板选项"对话框

> **高手指点：** 按下 Ctrl 键单击缩览图，可以载入该图层像素区域的选区。

7.3.1　使用"曲线"调整图像的对比度

■ 任务导读

　　如果要调整图像的对比度，使用"曲线"调整图层就可轻松地完成此任务，通过在"曲线"调整中更改曲线的形状，可以调整图像的色调和颜色。将曲线向上或向下移动将会使图像变亮或变暗，具体情况取决于对话框是设置为显示色阶还是显示百分比。曲线中较陡的部分表示对比度较高的区域；曲线中较平的部分表示对比度较低的区域。使用"曲线"调整图层调整对比度的前后效果如图 7-43 所示。

图 7-43 曲线调整的前后对比效果

■ 任务驱动

使用〝曲线〞调整对比度的具体操作步骤如下：

01 选择〝文件〞→〝打开〞命令，打开〝光盘\素材\ch07\图 01.jpg〞图像，如图 7-44 所示。

02 单击〝创建新的填充或调整图层〞按钮 ●.，然后选择〝曲线〞命令，打开〝曲线〞对话框，按照图 7-45 所示来调整曲线。

03 调整完毕后单击〝确定〞按钮。

图 7-44 素材图片

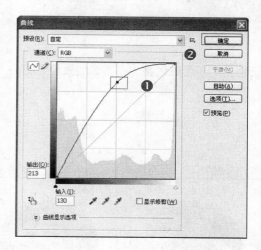

图 7-45 〝曲线〞对话框

> 高手指点：如果修改〝曲线〞调整图层而导致颜色偏差，可将图层混合模式改为〝亮度〞。

■ 应用工具

Photoshop 的〝曲线〞调整图层功能可以调整图像的整个色调范围及色彩平衡，但它并不通过控制 3 个变量（暗调、中间色和高光）来调节图像的色调，而是对 0～255 色调范围内的任

意点进行精确调节。同时，也可以选择"曲线"命令对个别颜色通道的色调进行调节，以平衡
图像色彩。

■ 使用技巧

在"曲线"对话框的默认状态下：

- 移动曲线顶部的点主要用于调整高光；
- 移动曲线中间的点主要用于调整中间调；
- 移动曲线底部的点主要用于调整暗调。

使用凸形曲线调整偏暗图像的效果如图 7-46 所示。

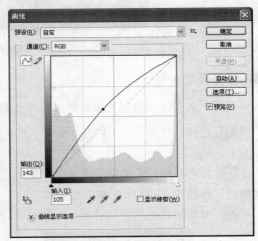

图 7-46　使用凸形曲线调整偏暗图像

使用凹形曲线调整偏亮图像的效果如图 7-47 所示。

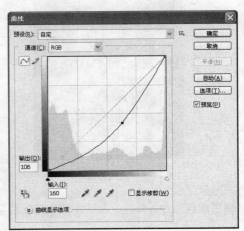

图 7-47　使用凹形曲线调整偏亮图像

要调整偏灰图像，可调整曲线为 S 形曲线，如图 7-48 所示。

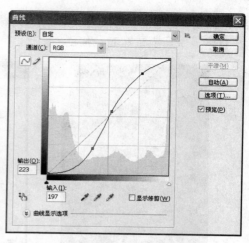

图 7-48 调整偏灰图像为 S 形曲线

▨ 7.3.2 使用"色相/饱和度"调整图像的饱和度

■ 任务导读

如果要为图像的特定颜色添加一点效果，使用"色相/饱和度"调整图层就可轻松地完成此任务。使用"色相/饱和度"调整图层的前后对比效果如图 7-49 所示。

图 7-49 应用"色相/饱和度"调整图层的前后对比效果

■ 任务驱动

使用"色相/饱和度"调整图像饱和度的具体操作步骤如下。

01 选择"文件"→"打开"命令，打开"光盘\素材\ch07\图 02.jpg"图像，如图 7-50 所示。

02 单击"创建新的填充或调整图层"按钮 ，然后选择"色相/饱和度"命令，打开"色相/饱和度"对话框，按照图 7-51 所示对参数进行调整。

调整完毕后单击"确定"按钮。

图 7-50　素材图片

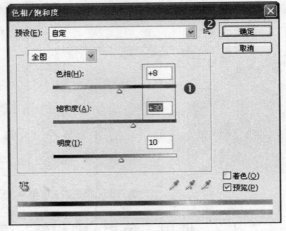

图 7-51　"色相/饱和度"对话框

> **高手指点**：在应用"色相/饱和度"调整图层之前，启用"色域警告"（选择"视图"→"色域警告"命令）。调整饱和度时，灰色遮盖出现在色域外的任何色相中。要使颜色完全饱和，可向右拖动"饱和度"滑块，直到看到一丝灰色像素，然后向左拖动，直到灰色像素消失。

■ 应用工具

选择"色相/饱和度"命令可以调节整个图像或图像中单个颜色成分的色相、饱和度和亮度。

- 色相就是通常所说的颜色，即红、橙、黄、绿、青、蓝和紫。
- 饱和度简单地说是一种颜色的纯度，颜色越纯，饱和度越大，颜色纯度越低，相应颜色的饱和度就越小。
- 亮度就是指色调，即图像的明暗度。

■ 使用技巧

对整个图像的颜色调整如图 7-52 所示。

图 7-52　对整个图像的颜色调整

7.3.3 使用"色彩平衡"调整图像的色彩平衡

■ **任务导读**

编辑图像时，有时需要更改色彩平衡并进行校正，有时为了获得某种效果而更改色彩平衡，此时可以通过添加"色彩平衡"来调整图层。使用"色彩平衡"的前后对比效果如图 7-53 所示。

图 7-53 使用"色彩平衡"的前后对比效果

■ **任务驱动**

使用"色彩平衡"调整图像颜色的具体操作步骤如下。

01 选择"文件"→"打开"命令，打开"光盘\素材\ch07\图 03.jpg"图像，如图 7-54 所示。

02 单击"创建新的填充或调整图层"按钮 ，然后选择"色彩平衡"命令，打开"色彩平衡"对话框。

03 在"色调平衡"选项区域中选中"高光"单选按钮，并按照图 7-55 所示来调整色阶参数。

04 调整完毕后单击"确定"按钮。

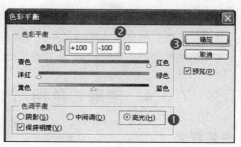

图 7-54 素材图片　　　　图 7-55 "色彩平衡"对话框

■ **应用工具**

选择"色彩平衡"命令可以调节图像的色调，可分别在暗调区、灰色调区和高光区通过控制各个单色的成分来平衡图像的色彩，操作起来简单直观。在执行"色彩平衡"命令的时候，会使用到互补色的概念，如图 7-56 所示。

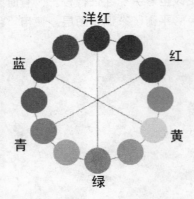

图 7-56　互补色

在图像中，处于相对位置的一组颜色就是一对互补色，如绿色和洋红色为互补色，黄色和蓝色为互补色，红色和青色为互补色。所谓互补就是图像中一种颜色成分的减少，必然导致它的互补色成分的增加，绝不可能出现一种颜色和它的互补色同时增加的情况。另外，每一种颜色可以由它的相邻颜色混合得到，如洋红色可以由红色和蓝色混合而成，青色可以由绿色和蓝色混合而成，黄色可以由绿色和红色混合而成等。

■ **参数解析**

在"色彩平衡"对话框中可以进行以下设置。

● "色彩平衡"设置区：可将滑块拖曳至要在图像中增加的颜色，或将滑块拖离要在图像中减少的颜色。利用上面提到的互补性原理，即可完成对图像色彩的平衡。

● "色调平衡"设置区：通过选择"暗调"、"中间调"和"高光"等，可以控制图像不同色调区域的颜色平衡。

● "保持亮度"复选框：可防止图像的亮度值随着颜色的更改而改变。

高手指点：在使用 Photoshop 时，常常需要从大量的图库中寻找合适的素材图片，这时可使用 ACDSee 软件，可将 ACDSee 窗口与 Photoshop 窗口同时安排在屏幕上，然后在 ACDSee 浏览窗口中用鼠标拖动选中的图片（可通过按 Ctrl 键同时选择多个文件）到 Photoshop 窗口中，等到鼠标指针下出现 "+" 小图标后松开鼠标，图片就在 Photoshop 中打开了。

7.3.4　使用"色相/饱和度"更改图像的颜色

■ **任务导读**

使用"色相/饱和度"命令可轻易更改图像的颜色，使之发生显著变化，而不花费大量时间。使用"色相/饱和度"调整图像的前后对比效果如图 7-57 所示。

图 7-57　使用"色相/饱和度"调整图像的前后对比效果

■ **任务驱动**

要更改图像的颜色，可执行以下步骤。

01 选择"文件"→"打开"命令，打开"光盘\素材\ch07\图 04.jpg"图像。

02 选择"快速选取工具" ，为图中的花朵创建选区，如图 7-58 所示。

03 单击"创建新的填充或调整图层"按钮 ，然后选择"色相/饱和度"命令，打开"色相/饱和度"对话框。

04 选中"着色"复选框，并按照图 7-59 所示来调整其参数。

05 调整完毕后单击"确定"按钮。

图 7-58　创建选区　　　　　　　　　图 7-59　"色相/饱和度"对话框

7.3.5　使用"亮度/对比度"调整图像的亮度和对比度

■ **任务导读**

虽然"曲线"调整能更好地控制亮度和对比度，因为可以将更改限制为特定的亮度范围，但如果需要全局地改变亮度和（或）对比度，那么"亮度/对比度"调整更有用。使用"亮度/对比度"为背景上拍摄的对象创建高调晕影效果如图 7-60 所示。

图 7-60　使用"亮度/对比度"调整图像的前后对比效果

■ **任务驱动**

要调整图像的亮度和对比度，可执行以下步骤。

01 选择"文件"→"打开"命令，打开"光盘\素材\ch07\图05.jpg"图像，如图 7-61 所示。

02 单击"创建新的填充或调整图层"按钮 ⊘，然后选择"亮度/对比度"命令，打开"亮度/对比度"对话框。

03 按照图 7-62 所示调整其参数。

04 调整完毕后单击"确定"按钮。

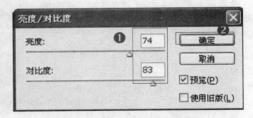

图 7-61　素材图片　　　　　　图 7-62　"亮度/对比度"对话框

7.3.6　使用"通道混合器"创建黑白照片

■ **任务导读**

有的用户在将彩色数码照片转换为黑白照片时将图像转为灰度模式，这样做会丢弃所有的颜色信息，从而失去可控制图像最终外观的选项。使用"通道混合器"就不会这样了，对比效果如图 7-63 所示。

图 7-63　使用"通道混合器"的前后对比效果

■ **任务驱动**

使用"通道混合器"创建黑白照片的操作步骤如下。

01 选择"文件"→"打开"命令，打开"光盘\素材\ch07\图 06.jpg"图像，如图 7-64 所示。

02 单击"创建新的填充或调整图层"按钮 ⬥，然后选择"通道混合器"命令，打开"通道混合器"对话框。

03 在"通道混合器"对话框中选中"单色"复选框，再按照图 7-65 所示来调整其参数。

04 调整完毕后单击"确定"按钮。

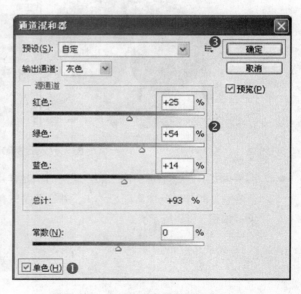

图 7-64　素材图片　　　　　图 7-65　"通道混合器"对话框

7.4 | 使用图层的混合模式

混合模式是 Photoshop 中一项非常重要的功能。指定像素的混合方式，可以创建各种特殊效果，但不会对图像造成任何破坏，如图 7-66 所示。在 Photoshop 中，除了"背景"图层外，其他图层都支持混合模式。

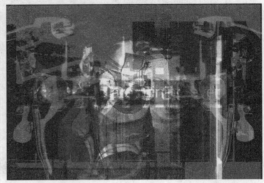

图 7-66　使用图层混合模式

7.4.1　一般模式效果示例

- 正常模式：系统默认的模式。当"不透明度"为 100％时，这种模式只是让图层将背景图层覆盖而已，如图 7-67 所示。使用这种模式时，一般应选择"不透明度"为一个小于 100％的值，以实现简单的图层混合。

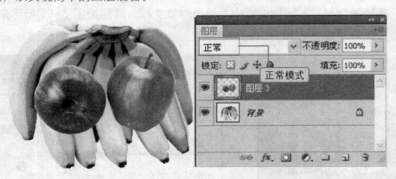

图 7-67　正常模式

- 溶解模式：当"不透明度"为 100％时不起作用；当"不透明度"小于 100％时，图层逐渐溶解，即其部分像素随机消失，并在溶解的部分显示背景，从而形成两个图层交融的效果，如图 7-68 所示。

图 7-68 溶解模式

7.4.2 变暗模式效果示例

- 变暗模式：在这种模式下，两个图层中颜色较深的像素会覆盖颜色较浅的像素，如图 7-69 所示。

图 7-69 变暗模式

- 正片叠底模式：在这种模式下，可以产生比当前图层和背景图层的颜色都暗的颜色，从而制作出一些阴影效果，如图 7-70 所示。在这个模式中，黑色和任何颜色混合之后还是黑色，而任何颜色和白色叠加，得到的还是该颜色。

图 7-70 正片叠底模式

- 颜色加深模式：这个模式将会获得与颜色减淡相反的效果，即图层的亮度减低、色彩加深，如图 7-71 所示。

图 7-71　颜色加深模式

● 线性加深模式：作用是使两个混合图层之间的线性变化加深，就是说本来图层之间混合时，
其变化是柔和的，即逐渐地从上面的图层变化到下面的图层。应用这个模式的目的就是加
大线性变化，使得变化更加明显，如图 7-72 所示。

图 7-72　线性加深模式

● 深色模式：应用这个模式将会获得图像深色相混合的效果，如图 7-73 所示。

图 7-73　深色模式

7.4.3　变亮模式效果示例

● 变亮模式：这种模式仅当图层的颜色比背景层的颜色浅时才有用，此时图层的浅色部分将
覆盖背景层上的深色部分，如图 7-74 所示。

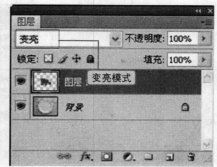

图 7-74　变亮模式

● 滤色模式：它是正片叠底模式的逆运算，因为它使得两个图层的颜色越叠加越浅。如果用户选择的是一个浅颜色的图层，那么这个图层就相当于对背景图层进行漂白的"漂白剂"。也就是说，如果选择的图层是白色的话，那么在这种模式下背景的颜色将变得非常模糊，如图 7-75 所示。

图 7-75　滤色模式

● 颜色减淡模式：可使图层的亮度增加，效果比滤色模式更加明显，如图 7-76 所示。

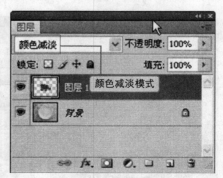

图 7-76　颜色减淡模式

● 线性减淡模式：进行和线性加深模式相反的操作，如图 7-77 所示。

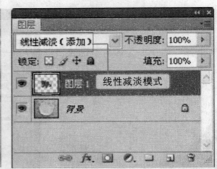

图 7-77　线性减淡模式

- 浅色模式：进行与深色模式相反的操作，如图 7-78 所示。

图 7-78　浅色模式

7.4.4　叠加模式效果示例

- 叠加模式：其效果相当于图层同时使用正片叠底模式和滤色模式两种操作。在这个模式下，背景图层颜色的深度将被加深，并且覆盖掉背景图层上浅颜色的部分，如图 7-79 所示。

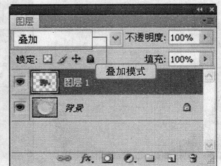

图 7-79　叠加模式

- 柔光模式：类似于将点光源发出的光照到图像上。使用这种模式会在背景上形成一层淡淡的阴影，阴影的深浅与两个图层混合前颜色的深浅有关，如图 7-80 所示。

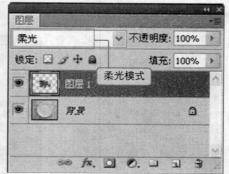

图 7-80 柔光模式

- 强光模式：强光模式下的颜色和在柔光模式下相比，或者更为浓重，或者更为浅淡，这取决于图层上颜色的亮度，如图 7−81 所示。

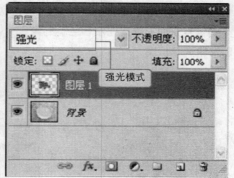

图 7-81 强光模式

- 亮光模式：通过增加或减小下面图层的对比度来加深或减淡图像的颜色，具体取决于混合色。如果混合色（光源）比 50% 灰色亮，则通过减小对比度使图像变亮；如果混合色比 50% 灰色暗，则通过增加对比度使图像变暗，如图 7−82 所示。

图 7-82 亮光模式

- 线性光模式：通过减小或增加亮度来加深或减淡图像的颜色，具体取决于混合色。如果混合色（光源）比 50% 灰色亮，则通过增加亮度使图像变亮；如果混合色比 50% 灰色暗，

171

则通过减小亮度使图像变暗，如图 7-83 所示。

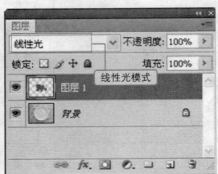

图 7-83　线性光模式

- 点光模式：根据混合色的亮度来替换颜色。如果混合色（光源）比 50％灰色亮，则替换比混合色暗的像素，而不改变比混合色亮的像素。如果混合色比 50％灰色暗，则替换比混合色亮的像素，而不改变比混合色暗的像素，如图 7-84 所示。这对于向图像中添加特殊效果时非常有用。

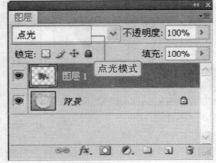

图 7-84　点光模式

7.4.5　差值与排除模式效果示例

- 差值模式：将图层和背景层的颜色相互抵消，以产生一种新的颜色效果，如图 7-85 所示。

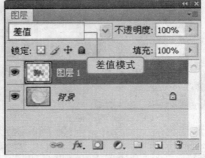

图 7-85　差值模式

● 排除模式：使用这种模式会产生一种图像反相的效果，如图 7-86 所示。

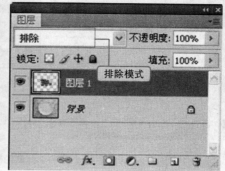

图 7-86　排除模式

7.4.6　颜色模式效果示例

● 色相模式：该模式只对灰阶的图层有效，对彩色图层无效，如图 7-87 所示。

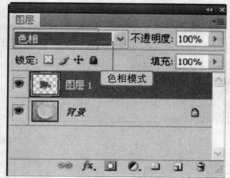

图 7-87　色相模式

● 饱和度模式：当图层为浅色时，会得到该模式的最大效果，如图 7-88 所示。

图 7-88　饱和度模式

● 颜色模式：用基色的亮度以及混合色的色相和饱和度创建结果色，这样可以保留图像中的灰阶，如图 7-89 所示。它对于给单色图像上色和给彩色图像着色都非常有用。

 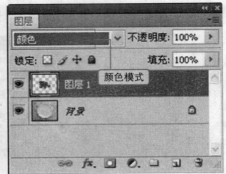

图 7-89　颜色模式

● 明度模式：用基色的色相和饱和度以及混合色的亮度创建结果色。此模式创建与颜色模式
相反的效果，如图 7-90 所示。

图 7-90　明度模式

7.4.7　使用"点光"混合模式制作琥珀石效果

■ 任务导读

使用图层混合模式中的"点光"混合模式可以制作琥珀石的效果。

■ 任务驱动

具体操作步骤如下。

01 选择"文件"→"打开"命令，打开"光盘\素材\ch07\化石.jpg"和"光盘\素材\ch07\
昆虫.psd"图像。

02 使用移动工具将昆虫拖曳到化石图片中，并调整好位置，如图 7-91 所示。

03 在"图层"面板中，选择昆虫所在的图层，为其设置"点光"混合模式，如图 7-92
所示。

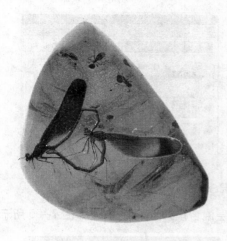

图 7-91　拖曳图片

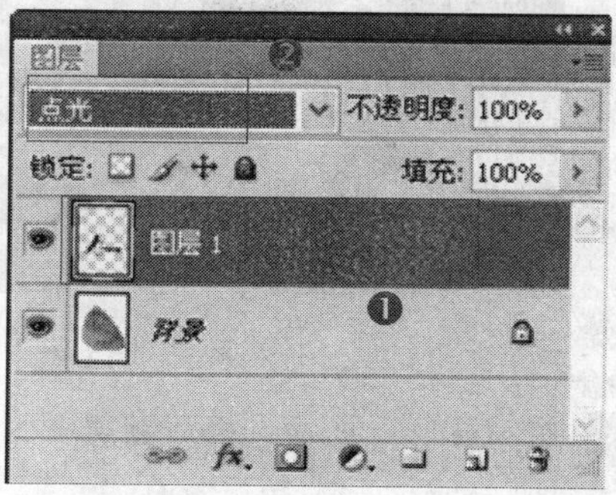

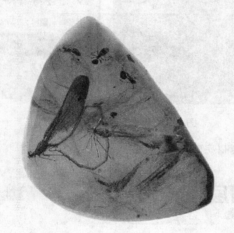

图 7-92　设置"点光"混合模式

04 最终效果如图 7-93 所示。

图 7-93　琥珀石效果

7.4.8　使用"差值"和"色相"混合模式制作插画效果

■ 任务导读

综合使用图层混合模式，会造成意想不到的效果，下面学习运用"差值"和"色相"混合模式来制作一张插画效果。

■ 任务驱动

具体操作步骤如下。

01 选择"文件"→"打开"命令，打开"光盘\素材\ch07\素材 01.jpg"、"素材 02.jpg"和"素材 03.jpg"图像。

02 将"素材 01"和"素材 02"拖曳到"素材 03"中，并调整好位置。

03 在"图层"面板选择"图层 2"，设置图层混合模式为"差值"，如图 7-94 所示。

图 7-94　设置图层混合模式（1）

04 在"图层"面板选择"图层 1"，设置图层混合模式为"色相"，如图 7-95 所示。

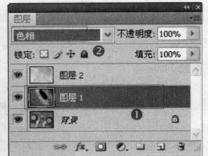

图 7-95　设置图层混合模式（2）

05 这样一幅插画就绘制完成了。

7.5 | 使用蒙版图层

7.5.1　使用"蒙版图层"创建图像选区

■ **任务导读**

　　利用快速蒙版能够快速地创建一个不规则的选区，在快速蒙版模式下创建整个蒙版。受保护区域和未受保护区域以不同的颜色进行区分。当离开快速蒙版模式时，未受保护区域成为选区。

■ **任务驱动**

　　要创建选区，可执行以下步骤。

01 打开"光盘\素材\ch07\图 10.jpg"素材图片。

02 单击工具箱中的"以快速蒙版模式编辑"按钮，切换到快速蒙版状态下，如图 7-96 所示。

03 选择画笔工具，将前景色设定为黑色，画笔笔尖为硬笔尖，"不透明度"和"流量"

为 100%，然后沿着要选择的对象的边沿描边，如图 7-97 所示。

图 7-96　切换到快速蒙版状态　　　　　　图 7-97　涂抹边缘

04 选择"油漆桶工具"，在涂抹边缘内单击鼠标填充，使蒙版覆盖整个要选择的图像，如图 7-98 所示。

05 单击"以标准模式编辑"按钮◻，切换到普通模式下，显示效果如图 7-99 所示。

图 7-98　填充选区　　　　　　　　　图 7-99　普通模式下的显示效果

06 选择"选择"→"反向"命令即可选中所要的图像。

■　**使用技巧**

1．修改蒙版

将前景色设定为白色，用画笔修改可以擦除蒙版（添加选区），如图 7-100 所示；将前景色设定为黑色，用画笔修改可以添加蒙版（删除选区），如图 7-101 所示。

图 7-100　擦除蒙版

图 7-101　添加蒙版

2．修改蒙版选项

双击"以快速蒙版模式编辑"按钮 ![按钮] ，弹出"快速蒙版选项"对话框，如图 7-102 所示，从中可以对快速蒙版的各种属性进行设定。

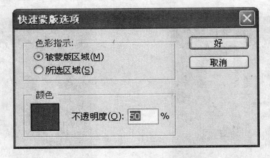

图 7-102　"快速蒙版选项"对话框

> **高手指点：** "颜色"和"不透明度"设置都只影响蒙版的外观，对如何保护蒙版下面的区域没有影响。更改这些设置能使蒙版与图像中的颜色对比更加鲜明，从而具有更好的可视性。

- 被蒙版区域：可使被蒙版区域显示为 50% 的红色，使选中的区域显示为透明。用黑色绘画可以扩大被蒙版区域，用白色绘画可扩大选中区域。选中该单选按钮时，工具箱中的"以快速蒙版模式编辑"按钮显示为灰色背景上的白圆圈 ![圆圈] 。
- 所选区域：可使被蒙版区域显示为透明，使选中区域显示为 50% 的红色。用白色绘画可以扩大被蒙版区域，用黑色绘画可扩大选中区域。选中该单选按钮时，工具箱中的"以快速蒙版模式编辑"按钮显示为白色背景上的灰圆圈 ![圆圈] 。
- 颜色：要选取新的蒙版颜色，可单击颜色框选取新颜色。
- 不透明度：要更改不透明度，可在"不透明度"文本框中输入一个 0~100 之间的数值。

7.5.2　使用画笔编辑蒙版合成图像

■ 任务导读

在制作相册或写真集的时候，需要将两张图像合成一张漂亮的图像，而且看起来很自然，其原理是使用画笔编辑蒙版，将其不需要的部分图像隐藏掉（注意，只是隐藏而不是删除）。如图 7-103 所示为一个人在同一张照片里出现两次的效果。

图 7-103　合成图像效果

■ 任务驱动

要合成图像，可执行以下步骤。

01　打开"光盘\素材\ch07\图 07.jpg"和"图 08.jpg"两张图片。

02　选择"移动工具" ，将"图 07"拖曳到"图 08"中（自动生成"图层 1"），并调整好位置，如图 7-104 所示。

03　在"图层"面板上单击"添加矢量蒙版"按钮 创建蒙版，如图 7-105 所示。

图 7-104　拖曳图片

图 7-105　添加矢量蒙版

04 选择蒙版层，设置前景色为黑色，选择"画笔工具" ✐，设置合适的大小及较软的笔尖，在画面进行涂抹，如图 7-106 所示。

05 涂抹时应根据画面需要随时更换画笔大小，以便更好地融合两张画面，效果如图 7-107 所示。

图 7-106　涂抹画面　　　　　　　　　　图 7-107　　合成效果

7.5.3　使用滤镜编辑蒙版制作图像特效

■ 任务导读

在 Photoshop CS4 中，滤镜的功能非常强大，可以制作出许许多多炫目的效果，如水彩画、马赛克、胶片颗粒、霓虹灯光等。如图 7-108 所示为使用滤镜前后的图像对比效果。

图 7-108　使用滤镜前后的图像对比效果

■ **任务驱动**

要制作图像特效，可执行以下步骤。

01 打开"光盘\素材\ch07\图 09.jpg"图片。

02 在"图层"面板的"背景"图层上双击，将"背景"图层转换为普通图层，如图 7-109 所示。

03 单击"创建新图层"按钮，创建新图层，填充为白色，然后将"图层 1"调整至最下方，如图 7-110 所示。

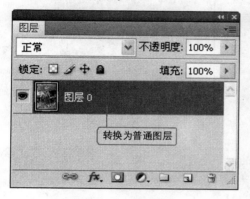

图 7-109　转变图层

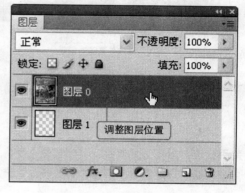

图 7-110　调整图层位置

04 选择"自由套索工具" 创建选区，如图 7-111 所示。

05 选择"选择"→"羽化"命令，然后设定羽化半径为 30，效果如图 7-112 所示。

图 7-111　创建选区

图 7-112　羽化选区

06 选中"图层 0"，然后单击"添加矢量蒙版"按钮，如图 7-113 所示，创建的图层蒙版效果如图 7-114 所示。

图 7-113　添加蒙版图层

图 7-114　蒙版效果

[**高手指点：** 对图层蒙版执行其他滤镜命令将会出现不同的效果，其主要原理是通过 "滤镜"
命令来改变图层蒙版不同的黑白灰程度，进而达到特殊的显示效果。]

> 07　选择 "滤镜" → "像素化" → "彩色半调" 命令，打开 "彩色半调" 对话框，设置 "最
大半径" 为 15，如图 7-115 所示。
> 08　单击 "确定" 按钮，最终效果如图 7-116 所示。

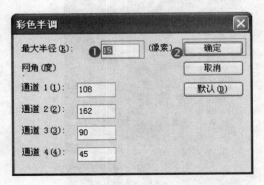

图 7-115　"彩色半调" 对话框

图 7-116　完成设置

7.6 │ 使用图层样式

　　图层样式实际上就是多种图层效果的组合，Photoshop CS4 提供了多种图像效果，如阴影、
发光、浮雕、颜色叠加等，利用这些效果可以方便快捷地改变图像的外观。将效果应用于图层

的同时，也创建了相应的图层样式。在"图层样式"对话框中可以对创建的图层样式进行修改、保存、删除等编辑操作。

7.6.1 使用"混合模式"合成图像

■ 任务导读

下面来学习使用图层样式中的混合模式来合成一幅图像。

■ 任务驱动

使用"混合模式"合成图像的具体操作步骤如下。

01 选择"文件"→"打开"命令，打开"光盘\素材\ch07\杯子.jpg"和"布纹.jpg"图像。

02 使用移动工具将"布纹"素材拖曳到"杯子"中，如图7-117所示。

03 按Ctrl+T组合键来调整布纹的形状，使其和杯子形状相吻合，如图7-118所示。

图7-117 拖曳图形　　　　　　　　　图7-118 调整图形

04 单击"添加图层样式"按钮，选择其菜单中的"混合选项"命令，打开"图层样式"对话框，对其参数进行设置，如图7-119所示。

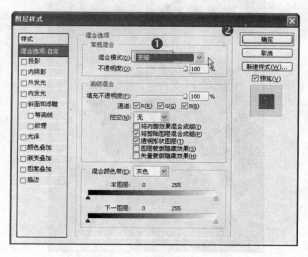

图7-119 "图层样式"对话框

05 参数设置完成后，单击"确定"按钮即可得到最终效果图，如图 7-120 所示。

图 7-120　绘制完成

这样，一幅通道混合的合成图像就绘制完成了。

7.6.2　使用"图层样式"制造文字效果

■ **任务导读**

在进行设计制作时，很多时候都需要用到阴影来制造立体的效果，或者突出主题，使主体更加显著夺目，这就使得"图层样式"命令成为修饰图像和创建艺术效果的强大工具。添加投影文字后的效果如图 7-121 所示。

图 7-121　投影文字效果

■ 任务驱动

使用"图层样式"调整图像效果的具体操作步骤如下。

01 选择"文件"→"打开"命令，打开"光盘\素材\ch07\文字效果.psd"图像，如图7-122所示。

02 在"图层"面板上选择一个文字图层，单击"添加图层样式"按钮 **fx.**，选择"内阴影"选项，并进行如图7-123所示的设置。

图 7-122　素材图片

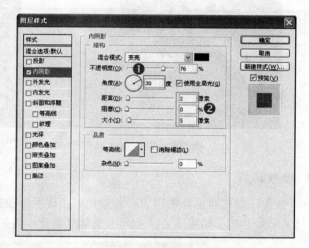

图 7-123　"图层样式"对话框

03 切换到"斜面和浮雕"选项，将"阴影模式"设置为（C：0，M：0，Y：100，K：0）的黄色，如图7-124所示。

04 切换到"投影"选项，将"混合模式"设置为（C：83，M：42，Y：100，K：43）的墨绿色，如图7-125所示。

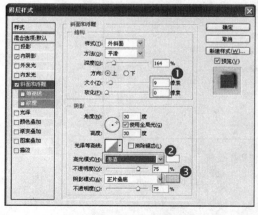

图 7-124　设置"斜面和浮雕"

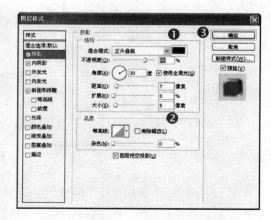

图 7-125　设置"投影"

05 调整完毕后，单击"确定"按钮，如图7-126所示。

06 在设置好图层样式的文字图层上右击，在弹出的快捷菜单中选择"拷贝图层样式"命令，再在另一个文字图层上右击，选择"粘贴图层样式"命令，最终效果如图7-127所示。

图 7-126　添加图层样式后的效果

图 7-127　最终效果

■ **参数解析**

　　"投影"样式可以为图层内容添加投影，还可以控制投影颜色、方向和大小等。打开"图层样式"对话框，如图 7-128 所示，具体的参数设置如下。

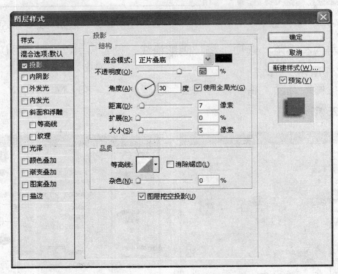

图 7-128　"投影"设置

- 混合模式：用来设置投影的混合模式，默认的模式为"正片叠底"。
- 投影颜色：单击"混合模式"选项右侧的颜色块，可以在打开的拾色器中设置颜色。
- 不透明度：拖动滑块或输入数值可以设置投影的不透明度，该值越高，投影越淡。
- 角度：在数值栏中输入数值，或者拖动圆形图标内的指针可调整投影的角度，以产生不同的投影效果。如图 7-129 所示为不同角度的投影效果。

图 7-129　不同角度的投影效果

- 使用全局光：选中该复选框后，可以保证所有光照的角度保持一致，取消选中该复选框，则可以为不同的图层分别设置光照角度。
- 距离：用来设置投影与对象之间的距离，该值越高，投影离对象越远。如图 7-130 所示为不同距离的投影效果。

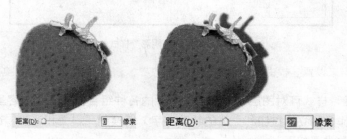

图 7-130　不同距离的投影效果

- 大小：用来设置投影的模糊范围，该值越高，模糊的范围越大；该值越小，投影越清晰。
- 距离：用来设置投影的扩展范围，该值会受到"大小"选项的影响。
- 等高线：通过等高线可以控制投影的形状。
- 消除锯齿：选中该复选框可以增加投影效果的平滑度，从而消除投影锯齿。
- 杂色：用来在投影中添加杂色，该值较高时，投影将显示为点状，如图 7-131 所示。

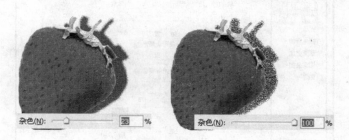

图 7-131　不同杂色的投影

- 图层挖空投影：如果当前图层的填充不透明度小于 100%，则选中该复选框可以仿制投影在呈透明状态的图像区域中显示。

　　"内阴影"样式可以在紧靠图层内容的边缘内添加投影，使图像产生凹陷的效果。切换到"内阴影"选项，如图 7-132 所示，具体的参数设置如下。该样式的大部分选项都与"投影"相同。

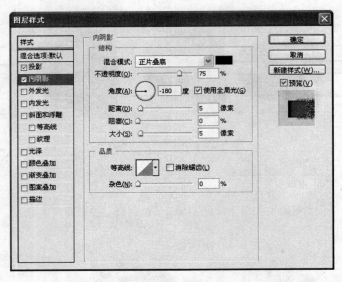

图 7-132 "内阴影"样式

● 阻塞：用来设置在模糊之前收缩内阴影的边界，该值越高，投影效果越强烈。

"斜面和浮雕"样式可对图层添加高光与阴影的各种组合，使图层内容呈现立体的浮雕效果，非常适合制作各种立体按钮和立体的特效文字。切换到"斜面和浮雕"选项，如图 7-133 所示，具体的参数设置如下。

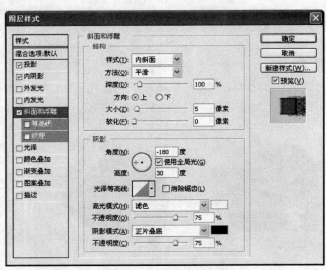

图 7-133 "斜面和浮雕"样式

● 样式：在该下拉列表框中可以选择斜面和浮雕的样式。选择"外斜面"选项，可在图层内容的外侧边缘创建斜面；选择"内斜面"选项，可在图层内容内侧边缘创建斜面；选择"浮雕效果"选项，可模拟使图层内容相对于下一图层呈浮雕状效果；选择"枕状浮雕"选项，可模拟图层内容的边缘压于下一图层中产生的效果；"描边浮雕"选项仅限于应用描边效果的边界，如果没有对图层应用"描边"样式，则不会产生效果。不同样式的浮雕效果如

图 7-134 所示。

图 7-134 不同样式的浮雕效果

- 方法：用来设置斜面和浮雕的精确程度。选择"平滑"选项，则斜面和浮雕部分较为柔和；选择"雕刻清晰"则使斜面和浮雕部分较为锐利；选择"雕刻柔和"界于前面两者之间。
- 深度：用来设置斜面和浮雕的应用深度，该值越高，浮雕立体感越强。
- 方向：用来设置斜面和浮雕的方向。
- 大小：用来设置斜面和浮雕的大小，该值越高，斜面和浮雕的范围越广。
- 软化：用来设置斜面和浮雕的柔和程度，该值越高，效果越柔和。
- 角度：用来设置光源的照射角度，可在数值框中输入数值，也可拖动圆形图标内的指针来进行调节。
- 高度：用来设置光源的高度。如图 7-135 所示为不同光源高度的浮雕效果。

图 7-135 不同光源高度的浮雕效果

- 光泽等高线：可以选择一个等高线样式，为斜面和浮雕表面添加光泽效果，创建具有光泽的金属外观浮雕效果。
- 消除锯齿：可以消除由于设置了光泽等高线而产生的锯齿。
- 高光模式：用来设置高光的混合模式、颜色和不透明度。
- 阴影模式：用来设置阴影的混合模式、颜色和不透明度。

7.7 | 本章小结

　　本章主要介绍了图层的基本概念、混合模式、图层样式、图层蒙版及图层的基本操作。在 Photoshop CS4 中，具有图像调整功能的命令已经调整到"调整"面板上，用户可以直接在面板上单击相应的按钮打开其对话框，如单击"色阶"按钮 ，即可打开"色阶"对话框。在学习本章时，用户可以按照实例步骤进行制作，建议打开光盘提供的素材文件进行对照学习，以提高学习效率。

Chapter

08

使用通道

本章知识点

● 使用"通道"面板
● 使用"通道"合成图像

通道是 Photoshop 强大功能的体现，因为它可以存储图像所有的颜色信息。

颜色信息通道是在打开新图像时自动创建的。图像的颜色模式决定了所创建的颜色通道的数目，例如，RGB 图像的每种颜色（红色、绿色和蓝色）都有一个通道，并且还有一个用于编辑图像的复合通道。

Alpha 通道将选区存储为灰度图像，用户可以利用 Alpha 通道来创建和存储蒙版，这些蒙版用于处理或保护图像的某些部分。

8.1 | 使用"通道"面板

"通道"面板用来创建、保存和管理通道。打开一个 RGB 模式的图像，Photoshop 会在"通道"面板中自动创建该图像的颜色信息通道，面板中包含了图像所有的通道，通道名称的左侧显示了通道内容的缩览图，如图 8-1 所示。在编辑通道时，缩览图通常会自动更新。

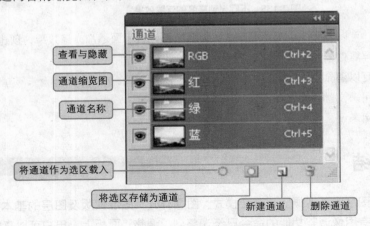

图 8-1 "通道"面板

> **高手指点：** 由于复合通道（即 RGB 通道）是由各原色通道组成的，因此隐藏面板中的某一个原色通道时，复合通道会自动隐藏；如果显示复合通道，则组成它的原色通道将自动显示。

● 查看与隐藏通道：单击 👁 图标可以使通道在显示和隐藏之间切换，用于查看某一颜色在图像中的分布情况。例如，在 RGB 模式下的图像，如果选择显示 RGB 通道，则 R 通道、G 通道和 B 通道都自动显示，但选择其中任意原色通道，其他通道则会自动隐藏。

● 通道缩览图调整：单击"通道"面板右上角的小三角 ▼≡，从弹出的菜单中选择"面板选项"命令，打开"通道面板选项"对话框，从中可以设定通道缩览图的大小，以便对缩览图进行观察，如图 8-2 所示。

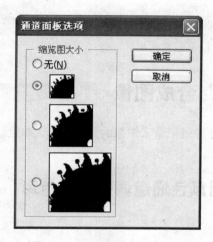

图 8-2 "通道面板选项"对话框

高手指点：若按某一通道的快捷键（R 通道：Ctrl+3；G 通道：Ctrl+4；B 通道：Ctrl+5；复合通道：Ctrl+2），此时打开的通道将成为当前通道。在面板中按住 Shift 键并单击某个通道，可以选择或者取消选择多个通道。

● 通道名称：它能帮助用户很快地识别出各种通道的颜色信息。各原色通道和复合通道的名称是不能改变的，Alpha 通道可以通过双击通道名称任意修改。

● 新建通道：单击 🔲 图标可以创建新的 Alpha 通道，按住 Alt 键并单击图标可以设置新建 Alpha 通道的参数，如图 8-3 所示。如果按住 Ctrl 键并单击该图标，就可以创建新的专色通道。

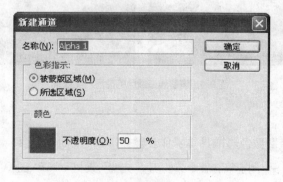

图 8-3 "新建通道"对话框

高手指点：将颜色通道删除后会改变图像的色彩模式，例如，原色彩为 RGB 模式，删除其中的 R 通道，剩余的通道即为洋红和黄色通道，此时色彩模式将变化为多通道模式。

〔 **高手指点**：通过新建图标所创建的通道均为 Alpha 通道，颜色通道无法用新建图标创建。 〕

- 将通道作为选区载入：选择某一通道，在面板中单击 ◎ 图标，则可将通道中的颜色比较淡的部分当作选区加载到图像中。这个功能也可以通过按住 Ctrl 键并在面板中单击该通道来实现。
- 将选区存储为通道：如果当前图像中存在选区，那么可以通过单击 ◙ 图标把当前选区存储为新的通道，以便修改和以后使用。在按住 Alt 键的同时单击该图标，可以新建一个通道并为该通道设置参数。
- 删除通道：单击 🗑 图标可以将将当前的编辑通道删除。

8.2 | 使用"通道"合成图像

在"通道"面板中，颜色通道记录了图像的颜色信息，如果对颜色通道进行调整，将会影响图像的颜色。

8.2.1 使用颜色通道调整图像色彩

■ 任务导读

原色通道中存储着图像的颜色信息。关于图像色彩调整命令主要是通过对通道的调整来起作用的，其原理就是通过改变不同色彩模式下原色通道的明暗分布来调整图像的色彩。调整通道颜色的前后对比效果如图 8-4 所示。

图 8-4　调整通道颜色的前后对比效果

■ 任务驱动

使用颜色通道调整图像色彩的具体操作步骤如下。

01 选择"文件"→"打开"命令，打开"光盘\素材\ch08\图 01.jpg"图像，如图 8-5 所示。

02 选择"图像"→"调整"→"色阶"命令，打开"色阶"对话框，在"通道"下拉列表框中选择"红"选项，然后进行如图 8-6 所示的设置。

图 8-5 素材图片

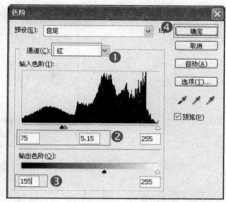

图 8-6 调整红色通道

03 在〝通道〞下拉列表框中选择〝绿〞选项，然后进行如图 8-7 所示的设置。

04 在〝通道〞下拉列表框中选择〝蓝〞选项，然后进行如图 8-8 所示的设置。

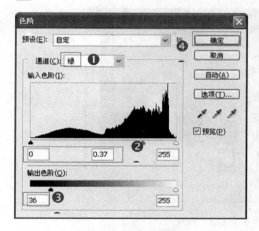

图 8-7 调整绿色通道

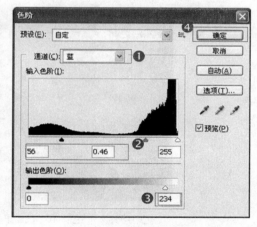

图 8-8 调整蓝色通道

05 单击〝确定〞按钮，完成图像的调整。

> **高手指点**：CMYK 模式与 RGB 模式正好相反。在 CMYK 模式图像中，较亮的通道表示图像中缺少该颜色，而较暗的通道则说明图像中包含大量的该颜色。因此，如果要增加某种颜色，需要将相应的通道调暗；而要减少某种颜色，则应将相应的通道调亮。

■ 参数解析

在〝通道〞面板上，按下 Alt 键的同时单击〝新建〞按钮，弹出〝新建通道〞对话框，如图 8-9 所示。

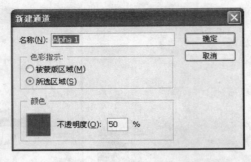

图 8-9 "新建通道" 对话框

在"新建通道"对话框中，用户可以对新建的通道命名，还可以调整色彩指示类型。各个选项的说明如下。

- "被蒙版区域"单选按钮：选中它，新建的通道中黑色的区域代表被蒙版的范围，白色区域则是选择范围。选中"被蒙版区域"单选按钮情况下创建的 Alpha 通道如图 8-10 所示。

图 8-10 选中"被蒙版区域"效果

- "所选区域"单选按钮：选中它，可得到与上一项选项刚好相反的结果，白色的区域表示被蒙版的范围，黑色的区域则代表选取的范围。选中"所选区域"单选按钮情况下创建 Alpha 通道如图 8-11 所示。

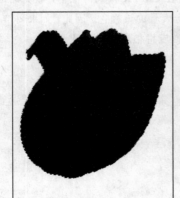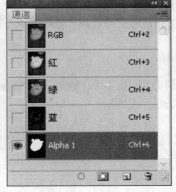

图 8-11 选中"所选区域"效果

- "不透明度"设置框：用于设置颜色的透明程度。
- 颜色：可以选择合适的色彩。这时蒙版颜色的选择对图像的编辑没有影响，它只是用来区别选区和非选区，使用户可以更方便地选取范围。

只有同时选中当前的 Alpha 通道和另外一个通道的情况下才能够看到蒙版的颜色。如图 8-12 所示。

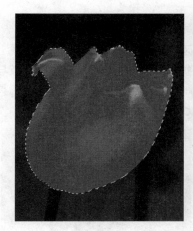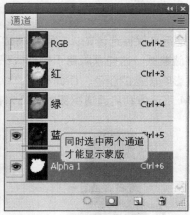

图 8-12　显示蒙版颜色

■ 使用技巧

新建 Alpha 通道的另外两种方法如下。

- 在有选区的情况下，通过单击"将选区存储为通道"按钮 创建 Alpha 通道，其中白色部分代表选择区域，黑色部分代表非选择区域，如图 8-13 所示。

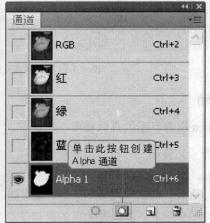

图 8-13　有选区情况下创建的通道

- 直接将某个通道拖曳到"创建新通道"按钮 上可以创建一个一样的通道。例如，将某个颜色通道复制一份，可以得到一个明暗分布和颜色通道一样的 Alpha 通道。

颜色通道通过复制得到的通道均为 Alpha 通道。虽然名称为红色副本，但仍然为 Alpha 通道，对副本进行明暗调整不会改变图像的颜色信息分布。

Alpha 通道永远位于颜色通道之下，但 Alpha 通道之间的上下顺序可以通过拖曳缩览图进行调整。

8.2.2 使用 Alpha 通道抠图

■ **任务导读**

Alpha 通道是用来保存选区的，它可以将选区存储为灰度图像。用户可以通过添加 Alpha 通道来创建和存储蒙版，这些蒙版用于处理或保护图像的某些部分。Alpha 通道与颜色通道不同，它不会直接影响图像的颜色，因此利用 Alpha 通道来抠取人物比其他选区工具要快捷方便得多。如图 8-14 所示为利用通道抠图的前后对比效果。

图 8-14　利用通道抠图的前后对比效果

■ **任务驱动**

使用 Alpha 通道抠图的具体操作步骤如下。

01 选择"文件"→"打开"命令，打开"光盘\素材\ch08\图 02.jpg"图像，如图 8-15 所示。

02 在"通道"面板中选择"绿"通道，将"绿"通道复制得到名称为"绿副本"的 Alpha 通道，如图 8-16 所示。这样做的目的是为了创建一个与绿色通道一样的 Alpha 通道，通过该 Alpha 通道可得到头发的选区。

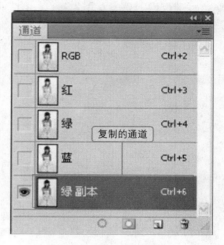

图 8-15 素材图片

图 8-16 调整绿色通道

　　03 选择"图像"→"调整"→"色阶"命令,打开"色阶"对话框,设置其数值如图 8—17 所示。

　　04 选择"画笔工具"　,将画笔笔触设置为尖角,并将前景色设置为黑色,在"绿副本"通道中进行涂抹,得到的效果如图 8—18 所示。

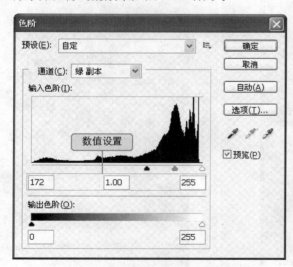

图 8-17 设置通道参数

图 8-18 涂抹通道

　　05 按 Ctrl 键,单击"绿副本"通道获得选区,如图 8—19 所示。

　　06 选择复合通道显示彩色图像,如图 8—20 所示。

图 8-19　创建选区　　　　　　　　　　　　　　图 8-20　选择复合通道

07 打开"光盘\素材\ch08\图 03.jpg"图像，使用"移动工具" ，将选区中的图像拖曳到"图 03"中。

08 选择"编辑"→"自由变换"命令，对图像进行等比缩放，调整图像到合适的大小，如图 8-21 所示。

09 选择橡皮擦工具，擦除边缘部分，最终效果如图 8-22 所示。

图 8-21　调整大小　　　　　　　　　　　　　　图 8-22　修饰边缘

8.2.3　使用滤镜编辑通道制作文字印章效果

■ 任务导读

在设计的时候，为了制造镂空的印章效果，需要创建镂空的选区。目前任何一个选区工具都无法实现，而利用 Alpha 通道与选区、滤镜相结合，则很容易就可达到所需的效果。如图 8-23 所示为制作文字印章的前后对比效果。

图 8-23 制作文字印章的前后对比效果

■ 任务驱动

使用滤镜编辑通道制作文字印章效果的具体操作步骤如下。

01 选择"文件"→"打开"命令，打开"光盘\素材\ch08\图 04.jpg"图像，如图 8-24 所示。

02 在"图层"面板上单击"创建新图层"按钮，新建图层，利用"矩形选框工具" 创建矩形选区，如图 8-25 所示。

图 8-24 素材图片　　　　　　　图 8-25 创建选区

03 在"通道"面板上单击"将选区存储为通道"按钮，将选区存储为 Alpha 通道，如图 8-26 所示。

04 在选区内右击，在弹出的快捷菜单中选择"变换选区"命令，将选区调整到合适的大小，如图 8-27 所示。

05 调整完毕后，按 Enter 键确定，设置前景色为黑色，按 Alt+Delete 组合键填充，最后按 Ctrl+D 组合键取消选区，如图 8-28 所示。

图 8-26　将选区存储为 Alpha 通道

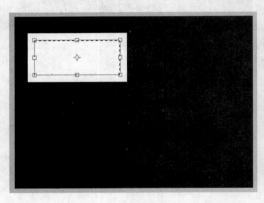

图 8-27　调整选区　　　　　　　　图 8-28　填充选区

06 选择文字工具 T，输入"珍爱"二字，调整字体为"华文新魏"，字号为合适大小，
如图 8-29 所示。

07 单击"将通道作为选区载入"按钮，将通道中的选区载入，如图 8-30 所示。

图 8-29　输入文字　　　　　　　　图 8-30　载入选区

08 选择"滤镜"→"杂色"→"添加杂色"命令，打开"添加杂色"对话框。在"数量"
参数框中输入 400，然后选中"高斯分布"单选按钮，如图 8-31 所示。

图 8-31 添加杂色

09 按 Ctrl+D 组合键取消选区，再次单击"将通道作为选区载入"按钮◎载入新的选区，如图 8-32 所示。

图 8-32 载入选区

10 切换到"图层"面板，选择图层 1，然后将前景色设置为红色 CMYK（C：0，M：100，Y：100，K：0)，按 Alt+Delete 组合键对选区进行填充，如图 8-33 所示。

图 8-33 填充选区

11 取消选区，然后按 Ctrl+T 组合键执行 "自由变换" 命令，调整到合适的角度，得到最终效果，如图 8-34 所示。

图 8-34　最终效果

8.3 | 本章小结

本章主要介绍了通道的使用方法、通道的分类以及 "通道" 面板的使用等，并以简单的实例进行了详细的演示。学习本章时应多多尝试在实例操作中的应用，以便加强学习效果。

Chapter

09

使用滤镜

本章知识点

● 使用传统滤镜
● 使用新滤镜

 **基本概念** （路径：光盘\MP3\什么是滤镜）

滤镜是应用于图片后期处理的，也就是说为了点缀和艺术化图片画面的效果。所谓滤镜就是把原有的画面进行艺术过滤，得到一种艺术或更完美的展示。滤镜功能是 Photoshop CS4 的强大功能之一。利用滤镜可以实现许多无法实现的绘画艺术效果，这为众多的非艺术专业人员提供了一种创造艺术化作品的手段，极大地丰富了平面艺术领域。

滤镜产生的复杂数字化效果源自摄影技术，滤镜不仅可以改善图像的效果并掩盖其缺陷，还可以在原有图像的基础上产生许多特殊的效果。

使用滤镜时主要注意以下几点。

（1）滤镜只能应用于当前可视图层，且可以反复应用、连续应用，但一次只能应用在一个图层上。

（2）滤镜不能应用于位图模式、索引颜色和 48 位 RGB 模式的图像，某些滤镜只对 RGB 模式的图像起作用，如 Brush Strokes 滤镜和 Sketch 滤镜就不能在 CMYK 模式下使用。还有，滤镜只能应用于图层的有色区域，对完全透明的区域没有效果。

（3）有些滤镜完全在内存中处理，所以内存大小对滤镜的生成速度影响很大。

（4）有些滤镜很复杂或要应用滤镜的图像尺寸很大，执行时需要很长时间，如果想结束正在生成的滤镜效果，只需按 Esc 键即可。

（5）上次使用的滤镜将出现在"滤镜"菜单的顶部，可以通过执行此命令再次应用上次使用过的滤镜效果。

（6）如果在滤镜设置界面中对自己调节的效果感觉不满意，希望恢复调节前的参数，可以按住 Alt 键，这时"取消"按钮会变为"复位"按钮，单击此按钮就可以将参数重置为调节前的状态。

9.1 | 使用传统滤镜

Photoshop CS4 为用户提供有 13 类传统滤镜，分别是艺术效果滤镜、模糊滤镜、画笔描边滤镜、扭曲滤镜、杂色滤镜、像素化滤镜、渲染滤镜、锐化滤镜、素描滤镜、风格化滤镜、纹理滤镜、视频及其他滤镜。

9.1.1 使用"彩色铅笔"滤镜制作铅笔画效果

■ 任务导读

使用彩色铅笔在纯色背景上绘制图像时，外观呈粗糙阴影线，纯色背景色则通过比较平滑的区域显示出来，如图9-1所示。

图9-1 应用彩色铅笔滤镜的前后对比效果

■ 任务驱动

使用"彩色铅笔"滤镜制作铅笔画效果的具体操作步骤如下。

01 选择"文件"→"打开"命令，打开"光盘\素材\ch09\图01.jpg"图像。

02 选择"滤镜"→"艺术效果"→"彩色铅笔"命令，打开"彩色铅笔"对话框。

03 分别设置"铅笔宽度"为7、"描边压力"为12和"纸张亮度"为28，如图9-2所示，然后单击"确定"按钮。

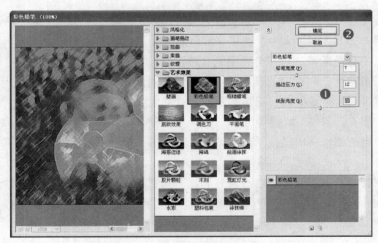

图9-2 "彩色铅笔"对话框

■ 参数解析

● 铅笔宽度：改变笔画的宽度和密度。

- 描边压力：改变用笔的力度。
- 纸张亮度：此值越大，背景越亮。

9.1.2 使用"干画笔"滤镜制作油彩画效果

■ 任务导读

"干画笔"使用干画笔技术（介于油彩和水彩之间）绘制图像边缘，此滤镜通过将图像的颜色范围降到普通颜色范围来简化图像，如图 9-3 所示。

图 9-3 应用"干画笔"滤镜的前后对比效果

■ 任务驱动

使用"干画笔"滤镜制作油彩画效果的具体操作步骤如下。

01 选择"文件"→"打开"命令，打开"光盘\素材\ch09\图 02.jpg"图像。

02 选择"滤镜"→"艺术效果"→"干画笔"命令，打开"干画笔"对话框。

03 分别设置"画笔大小"为 7、"画笔细节"为 2、"纹理"为 3，如图 9-4 所示，然后单击"确定"按钮。

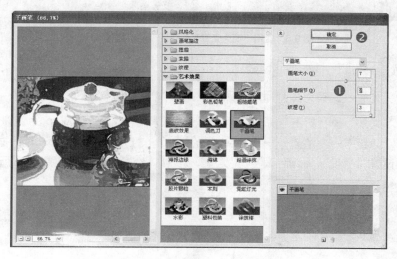

图 9-4 "干画笔"对话框

■ **参数解析**

- 画笔大小：设置刷笔的大小，此值越小，图像越清晰。
- 画笔细节：调节笔触的细腻程度。
- 纹理：设置颜色之间的过滤变形效果。

9.1.3 使用"镜头光晕"滤镜制作夕照效果

■ **任务导读**

　　"镜头光晕"用于模拟亮光照射到相机镜头时所产生的折射。通过单击图像缩览图的任一位置或拖动其十字线可以指定光晕中心的位置，如图 9-5 所示。

图 9-5　使用"镜头光晕"滤镜的前后对比效果

■ **任务驱动**

　　使用"镜头光晕"滤镜为图片添加夕照效果的具体操作步骤如下。

01 选择"文件"→"打开"命令，打开"光盘\素材\ch09\图 04.jpg"图像。

02 选择"滤镜"→"渲染"→"镜头光晕"命令，打开"镜头光晕"对话框。

03 分别设置"亮度"为 154、"镜头类型"为"50-300 毫米"，如图 9-6 所示，然后单击"确定"按钮。

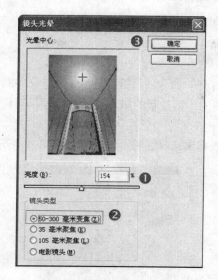

图9-6 "镜头光晕"对话框

■ 参数解析

- 光晕中心：在图像缩览图中单击或拖动十字线可以指定光晕的中心。
- 亮度：用来控制光晕的强度，变化范围为 10%～300%。
- 镜头类型：用来选择产生光晕的镜头类型。

9.1.4 使用"照片滤镜"调整图层更改色偏

■ 任务导读

　　使用"色阶"调整图层可以移去图像中任何可见的色偏，但颜色完全正确的图像有时也会看上去太冷或太暖。使用"照片滤镜"调整图层可以轻松地更改图像的色偏。"照片滤镜"调整图层包含摄影师常用的冷暖滤色镜的数码仿真，它还包含可向图像应用色调的选项。使用照片滤镜调整图层的前后对比效果如图 9-7 所示。

图9-7 "照片滤镜"调整图层的前后对比效果

■ **任务驱动**

要更改图像色偏，可执行以下步骤。

01 选择"文件"→"打开"命令，打开"光盘\素材\ch09\图 05.jpg"图像。

02 单击"图层"面板中的"创建新的填充或调整图层"图标 ，然后从下拉菜单中选择"照片滤镜"命令。

03 从"滤镜"下拉列表框中选择"橙"选项，如图 9-8 所示。

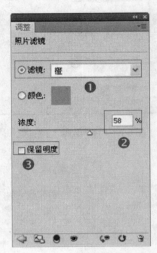

图 9-8 "照片滤镜"对话框

04 取消选中"保留明度"复选框，可以更改图像的色彩平衡。

05 单击"确定"按钮应用照片滤镜。

> **高手指点**：通过更改"照片滤镜"调整图层的不透明度，可以更改应用到图像的滤镜效果。用户还可以尝试不同的混合模式，以获得更抽象的效果。

■ **应用工具**

选择"照片滤镜"命令可以模仿在相机镜头前面加彩色滤镜，以便调整通过镜头传输的光的色彩平衡和色温，使胶片曝光。

■ **参数解析**

- "滤镜"单选按钮：选择各种不同镜头的彩色滤镜，用于平衡色彩和色温。
- "颜色"单选按钮：根据所选颜色预设给图像应用色相调整。如果照片有色痕，则可选取补色来中和色痕，还可以选用特殊颜色效果或增强应用颜色。例如，"水下"颜色可模拟在水下拍摄时产生的稍带绿色的蓝色色痕。
- "浓度"设置项：调整应用于图像的颜色数量，可拖动"浓度"滑块或者在"浓度"参数框中输入百分比。浓度越大，应用的颜色调整越大。
- "保留明度"复选框：选中此复选框可以避免通过添加颜色滤镜导致图像变暗。

9.1.5 使用"挤压"滤镜制作特异表情

■ 任务导读

为了某些特殊画面或工作的需要，必需一些夸张的面部表情图片，这对于真实人物来说是很难做到的。如果手绘，又需花费大量的时间，挤压滤镜的出现就弥补了这一缺憾。挤压滤镜可以将图像选区内的图像向内或向外挤压。使用挤压滤镜的前后对比效果如图 9-9 所示。

图 9-9 使用"挤压"滤镜的前后对比效果

■ 任务驱动

要使用"挤压"滤镜制作特异表情，可执行以下步骤。

01 选择"文件"→"打开"命令，打开"光盘\素材\ch09\图 06.jpg"图像。

02 选择"滤镜"→"扭曲"→"挤压"命令，打开"挤压"对话框。

03 单击"缩小"按钮□缩小图像，以便于观察效果。

04 在"数量"数值框中拖动滑块来调整挤压的效果，将滑块拖至－62％的位置，如图 9-10 所示。

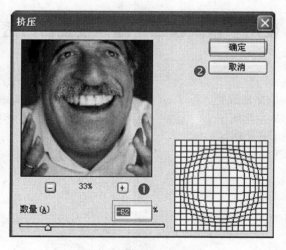

图 9-10 设置"数量"参数

05 单击"确定"按钮调整图像。

9.1.6 使用"查找边缘"滤镜制作速写效果

■ 任务导读

"查找边缘"滤镜能自动搜索图像像素对比度变化剧烈的边界，将高反差区变亮、低反差区变暗，其他区域则界于两者之间；硬边变为线条，而柔边变粗，形成一个清晰的轮廓。

■ 任务驱动

使用"查找边缘"滤镜制作速写效果的操作步骤如下。

01 选择"文件"→"打开"命令，打开"光盘\素材\ch09\图 07.jpg"图像，如图 9-11 所示。

02 选择"滤镜"→"风格化"→"查找边缘"命令，执行"查找边缘"滤镜命令，效果如图 9-12 所示。

图 9-11　素材图片　　　　　　　　　图 9-12　使用**"查找边缘"**滤镜的效果

9.1.7 使用"镜头校正"滤镜校正扭曲透视

■ 任务导读

如果使用广角镜头拍摄建筑物，可通过倾斜相机使所有建筑物出现在照片中，但结果会产生扭曲透视。如图 9-13 左图所示为看上去向后倒的建筑物，使用"镜头校正"命令可以修复类似的图像，如图 9-13 右图所示。

图 9-13　校正扭曲透视的前后对比效果

■ **任务驱动**

校正扭曲透视的操作步骤如下。

01 选择 "文件" → "打开" 命令，打开 "光盘\素材\ch09\图 08.jpg" 图像。

02 选择 "滤镜" → "扭曲" → "镜头校正" 命令，在 "镜头校正" 对话框中的 "变换" 部分中，拖动 "垂直透视" 滑块直到应与地平线垂直的线条与垂直网格线平行。对齐建筑物的边缘，如图 9-14 所示。"角度" 图标和文本框精确地反映了图像转动的角度。

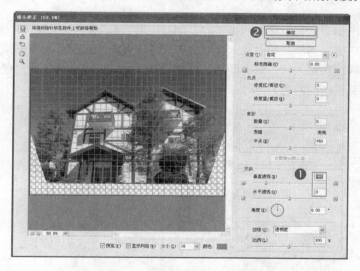

图 9-14　"镜头校正" 对话框

> **高手指点**：如果要处理由于没有保持相机水平而造成倾斜透视的图像，可以选择 "色阶" 工具，沿着应完全水平的线条从左向右拖动，或者沿着应完全垂直的线条从上向下拖动，图像即可被拉直。

03 如果已经调整建筑物的色阶，但平行线条仍呈现会聚状态，此时产生透视扭曲。要校正由于仰视或俯视对象所造成的扭曲，可拖动 "垂直透视" 滑块直到线条平行。如果站在对象的一侧拍摄并将对象置于画面的中央，则产生扭曲的 "水平透视"。拖动 "水平透视" 滑块可以解决此问题。

04 单击 "确定" 按钮应用校正，校正的结果会在图像的某角出现空白画布。

05 选择 "裁切工具" ，在画面中拖曳出一个界定框，根据需要调整界定框来裁剪图像移去空白画布，如图 9-15 所示。

06 调整完毕后按 Enter 键确定，效果如图 9-16 所示。

图 9-15　裁切图像　　　　　　　　图 9-16　校正扭曲透视后的效果

9.1.8　使用 "镜头模糊" 滤镜模拟长焦镜头模糊

■ 任务导读

在自然环境中拍摄人物写真时，用户可以尝试拍摄广阔的空间，使背景变模糊而突出人物。如果在海滩摄影中捕捉到一张相对令人满意的照片，但背景中天空和海滩的聚焦相对很清晰，这会使浏览者的视线脱离人物，这时使用 "镜头模糊" 命令可以进行处理。使用 "镜头模糊" 命令模拟长焦镜头模糊的前后对比效果如图 9-17 所示。

图 9-17　模拟长焦镜头模糊的前后对比效果

■ 任务驱动

使用 "镜头模糊" 滤镜模拟长焦镜头模糊的具体操作步骤如下。

01 选择 "文件" → "打开" 命令，打开 "光盘\素材\ch09\图 09.jpg" 图像。

02　复制"背景"图层。

03　选择要保持清晰聚焦的区域。要模拟海滩和天空逐渐失去聚焦，单击工具箱中的"以快速蒙版模式编辑"按钮 ⬛，进入快速蒙版模式，利用画笔工具在蒙版中对出现海滩和天空的地方绘制不同程度的不透明度，如图 9-18 所示。

图 9-18　选择要保持清晰聚焦的区域

> **高手指点**：工具箱中的"以快速蒙版模式编辑"按钮 ⬛ 可以利用画笔工具手动创建选区，创建完成后可以再次单击该按钮来退出快速蒙版编辑模式。

04　选择"选择"→"羽化"命令，为选区设置适当的羽化。要模拟长焦镜头失去聚焦的方式，需要向选区应用相对较大的羽化。这里指定 30 像素的羽化值，如图 9-19 所示。

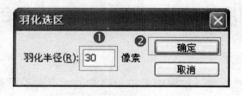

图 9-19　设置羽化值

05　按 Ctrl+Shift+L 键反选选区。

06　选择"滤镜"→"模糊"→"镜头模糊"命令，打开"镜头模糊"对话框，如图 9-20 所示。

07　在"光圈"部分中，从"形状"下拉列表框中选择选项，以确定镜头光圈的形状。选择"六边形"形状，因为它们可以模拟真实长焦镜头的光圈。

08　拖动"半径"滑块以增加模糊量，直到达到令人满意的效果为止。

09　拖动"叶片弯度"滑块，以模拟更平滑的快门叶片边缘。

10　拖动"旋转"滑块，以模拟快门叶片。此步骤是可选的。

11　拖动"阈值"滑块以设置镜面高光将出现的程度，拖动"亮度"滑块以确定镜面高光的亮度。如果向镜头模糊添加镜面高光，一般使用值为 2 或 3 的亮度。

12 在“杂色”部分拖动“数量”滑块，以模拟胶片颗粒或图像中的杂色。应用“镜头模糊”滤镜时，从选中的区域中移除所有杂色。如果添加杂色，可以选中“单色”复选框，以添加杂色而不影响图像色彩。通常可以添加一点杂色，使图像更加逼真。设置完成后的“镜头模糊”对话框如图 9-21 所示。

图 9-20　“镜头模糊”对话框　　　　　　图 9-21　设置“镜头模糊”对话框

[**高手指点：**如果要添加杂色，可以选中“平均”或“高斯分布”单选按钮，因为要尝试匹配图像聚焦部分的杂色，所以总是选中“高斯分布”单选按钮。]

13 单击“确定”按钮以应用镜头模糊。

9.1.9　使用“减少杂色”滤镜减少杂色

■ 任务导读

使用高 ISO 设置在弱光条件下拍摄或者拍摄夜晚的太空时不可避免地会产生杂色。杂色经常出现在图像的阴影区域中，一般以色斑的形式出现在图像中。如图 9-22 所示为具有可见杂色的图像经修整的前后对比效果。

图 9-22　减少色彩杂色的前后对比效果

■ **任务驱动**

要减少色彩杂色，可执行以下步骤。

01 选择"文件"→"打开"命令，打开"光盘\素材\ch09\图 10.jpg"图像。

02 选择"滤镜"→"杂色"→"减少杂色"命令，打开"减少杂色"对话框，如图 9-23 所示。

图 9-23　"减少杂色"对话框

03 拖动"强度"滑块，以指定应用到所有通道的亮度杂色减少量。向右（向左）拖动滑块可以增加（减小）滤镜的强度。默认值 6 适用于大多数情况。

04 接受默认的"保留细节"设置为 60％，或者拖动滑块应用不同的设置。

> **高手指点**：指定"保留细节"值时，可将图像放大到 100％，平移到颜色和纹理统一的区域，最好比 50％灰色更暗的区域。使用此方法可以容易地识别出所看到的是杂色还是纹理。如果看到晕环，就拖回滑块，直到晕环消失。

05 拖动"减少杂色"滑块，直到杂色开始消失。建议不要过度使用此校正，否则会使图像变柔和并失去细节。默认设置为 45％。如果在此设置下没有看到杂色，则向左拖动滑块直到杂色出现，然后向右拖动滑块直到杂色消失。如果在此设置下仍可看到杂色，则向右拖动滑块直到杂色消失。

06 拖动"锐化细节"滑块，以锐化由于设置其他参数而变柔和的细节。默认设置为 25％。如果图像在此设置下足够锐利，则接受默认设置。如果图像在此设置下不够锐利，则向右拖动滑块，直到看见边缘上的晕环，然后向左拖动滑块，直到晕环消失。如果在 25％的默认设置下发现可见的晕环，则可以向左拖动滑块直到晕环消失。

> **高手指点**：如果发现杂色在 3 个通道中的分布不均匀，可以选中"高级"单选按钮。使用此选项可以向每个通道应用不同强度的杂色减少量。

07 单击"确定"按钮，向图像应用减少杂色滤镜。

9.2 │ 使用新滤镜

　　Photoshop CS4 不但提供了上面的一系列滤镜命令，同时还提供了一些有特殊功能的滤镜命令，例如，液化滤镜命令可以制作哈哈镜的效果。

■ 任务导读

　　液化滤镜可用于推、拉、旋转、反射、折叠和膨胀图像的任意区域。创建的扭曲可以是细微的扭曲效果，也可以是剧烈的扭曲效果，这就使得 "液化" 命令成为修饰图像和创建艺术效果的强大工具。应用液化滤镜的前后对比效果如图 9-24 所示。

图 9-24　应用液化滤镜的前后对比效果

■ 任务驱动

　　使用 "液化" 滤镜重新调整图像形状的具体操作步骤如下。

01 选择 "文件" → "打开" 命令，打开 "光盘\素材\ch09\图 12.jpg" 图像。

02 选择 "滤镜" → "液化" 命令，打开 "液化" 对话框。

03 选择 "向前变形工具" ，在画面中分别拖曳两边的花瓣，如图 9-25 所示。

04 选择 "顺时针旋转扭曲工具" ，在两边的花瓣上拖曳旋转，如图 9-26 所示。

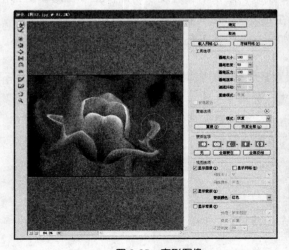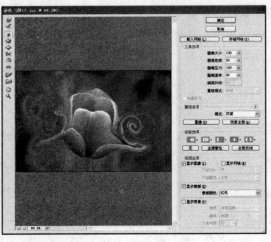

图 9-25　变形图像　　　　　　　　　　　图 9-26　旋转扭曲图像

05 调整完毕后，单击"确定"按钮。

■ **参数解析**

- "向前变形工具" 🖾：可向前推动像素。使用该工具，图像会朝着鼠标移动的方向扭曲，扭曲后挤压的效果在移动结束点终止。

- "湍流工具" 🖾：选择该工具后在图像上移动鼠标，可以混合图片中的像素。图片扭曲的形状是混乱而没有规则的，只要是鼠标光标经过的地方都会产生扭曲效果，这对制作烟雾、火焰、云彩和波纹等效果很有帮助。

- "顺时针旋转扭曲工具" 🖾：使用该工具时，图像会按照顺时针方向扭曲。只要把鼠标移到需要扭曲的地方，按下鼠标一直不放开，图像就会自动扭曲，释放鼠标时则停止扭曲操作。

- "褶皱工具" 🖾：将像素向画笔区域的中心移动，该工具和"顺时针旋转扭曲工具" 🖾的操作一样。使用该工具，图像扭曲的方向是向内深进，感觉有点像漩涡。

- "膨胀工具" 🖾：将像素向远离区域的中心位置移动。该工具和"褶皱工具" 🖾相反，它的扭曲方向是向外膨胀。

- "左推工具" 🖾：将像素垂直移向绘制的地方。使用该工具在图像上滑动，图像向垂直方向扭曲展开。

- "镜像工具" 🖾：将像素复制到画笔区域。使用该工具在图像上移动，扭曲变形的方向和移动的方向相反。

- "重建工具" 🖾：可以将图像恢复原样。

- "冻结蒙版工具" 🖾：如果在一幅图片上要进行大面积的扭曲变形，但其中有一部分不希望被扭曲，则可以使用冻结蒙版工具事先把这部分隔离出来。

- "解冻蒙版工具" 🖾：当扭曲变形工作完成之后，需要使用解冻蒙版工具把图像显示出来。

9.3 | 本章小结

本章主要介绍了位图处理的传统滤镜和新滤镜，每一种滤镜又提供了多种细分的滤镜效果，为用户处理位图提供了极大的方便。用户在处理图片时，可以同时配合使用多种滤镜，创造出意想不到的效果。学习本章时，用户可以按照实例步骤进行制作，建议打开光盘提供的素材文件进行对照学习，以提高学习效率。

10

任务自动化

本章知识点

● 使用动作
● 使用批处理

任务自动化可以节省时间，并确保多种操作结果的一致性。Photoshop 提供了多种自动执行任务的方法，包括使用动作、快捷批处理、"批处理"命令、脚本、模板、变量以及数据组等。

10.1 | 使用动作

通过"动作"面板可以快速地使用一些已经设定的动作，也可以设定一些自己的动作，如图 10-1 所示。

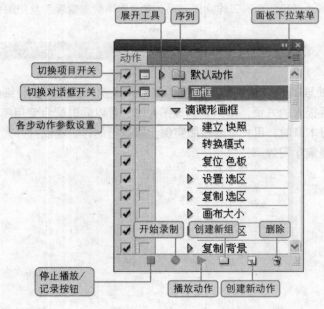

图 10-1 "动作"面板

"动作"面板中各个选项的功能如下。

- 切换项目开关：如果面板上的动作左边有该图标，说明这个动作是可执行的，否则这个动作是不可执行的。如果序列前没有 ✔ 图标，就表示该序列中的所有动作都是不可执行的。
- 展开工具：单击小三角形，如果是一个动作序列，那么它将会把所有的动作都展开；如果是一个动作，那么它将会把所有的操作步骤都展开；如果是一个操作，那么它将把执行该操作的参数设置打开。可见，动作是由一个个的操作序列组合到一起形成的。
- 切换对话框开关：若在该选框中出现 ▣ 图标，则在执行该图标所在的动作时，会暂时停在有 ▣ 图标的位置。对弹出对话框的参数进行设定之后单击 "确定" 按钮，动作会继续往下执行。若没有 ▣ 图标，则动作按照设定的过程逐步地进行操作，直至到达最后一个操作完成动作。有的图标是红色的，那就表示该动作中只有部分动作是可执行的，此时在该图标上单击，它会自动地将动作中所有不可执行的操作变成可执行的操作。
- 各步动作参数设置：记录下动作每步操作的参数设置。
- "停止播放/记录" 按钮：■图标就是停止录制动作和记录动作的按钮，它只有在新录制动作时才是可用的。
- "开始录制" 按钮：单击该按钮，Photoshop 会自动开始录制一个新的动作。处于录制状态时，图标呈现红色 ●。
- 序列：它显示当前动作所在的文件夹名称。其中的 "默认动作" 文件夹是 Photoshop 默认的设置，它的图标很像一个文件夹，里面包含许多的动作。
- 面板下拉菜单：单击该小三角形 ▼≣，将会弹出 "动作" 面板的下拉菜单，如图 10-2 所示。

图 10-2　"动作" 面板的下拉菜单

- "删除" 按钮🗑：可以将当前的动作、序列或者动作的某一步操作删除。
- "创建新动作" 按钮🗋：可以在面板上新建一个动作。

- "播放动作"按钮：当做好一个动作时，可以单击▶图标观看（动作）执行的效果。如果中间要停下来，可以单击■图标停止。
- "创建新组"按钮：单击可以新建一个序列。

10.1.1　使用"文字效果"动作制作倒影文字特效

■ 任务导读

在"动作"面板中选择想要的默认动作命令，然后单击播放动作按钮即可实现一种效果，如图 10-3 所示为应用默认动作中的水中倒影效果。

图 10-3　倒影文字

■ 任务驱动

使用"文字效果"动作制作倒影文字特效的具体操作步骤如下。

01 选择"文件"→"打开"命令，打开"光盘\素材\ch10\图 01.psd"图像，如图 10-4 所示。

02 选择"窗口"→"动作"命令，打开"动作"面板，如图 10-5 所示。

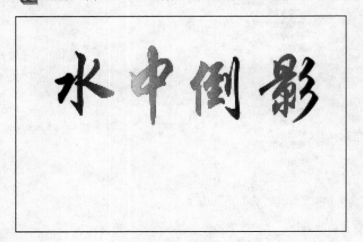

图 10-4　素材文字

图 10-5　"动作"面板

03 在"图层"面板上选择"水中倒影"图层。

04 在"动作"面板中选择"水中倒影（文字）"，单击"播放选定动作"按钮 ▶，如图
10-6 所示，效果如图 10-7 所示。

图 10-6　选择命令　　　　　　　　　　　　　图 10-7　倒影文字效果

10.1.2　使用"图像效果"动作创建暴风雪效果

■ **任务导读**

利用"动作"面板提供的各种针对图像效果的动作，能够制作出各种不同特殊效果的图像。
如图 10-8 所示为制作的暴风雪效果。

图 10-8　暴风雪效果

■ **任务驱动**

使用"图像效果"动作为图片添加暴风雪效果的具体操作步骤如下。

01 选择"文件"→"打开"命令，打开"光盘\素材\ch10\图 03.jpg"图像，如图 10-9
所示。

02 在"动作"面板中单击右上角的 ≡ 按钮，在弹出的下拉菜单中选择"图像效果"命令，如图 10-10 所示。

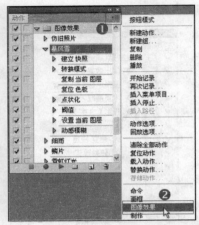

图 10-9 素材图片　　　　　　　　图 10-10 选择"图像效果"命令

03 在"动作"面板中单击"图像效果"组前的 ▷ 按钮，展开"图像效果"选项。

04 选择"图像效果"中的"暴风雪"命令，单击"播放选定动作"按钮 ▶，最终效果如图 10-11 所示。

图 10-11 暴风雪效果

10.1.3 使用"画框"动作为照片添加多彩边框

■ **任务导读**

给图片添加一个多彩的边框可以使图片表现得更加完美。Photoshop CS4 的"动作"面板中提供了一系列的边框命令，用于添加图片的边框，如图 10-12 所示。

图 10-12　画框动作

■ 任务驱动

使用"画框"动作为图片添加画框的具体操作步骤如下。

01 选择"文件"→"打开"命令，打开"光盘\素材\ch10\图 02.jpg"图像，如图 10-13 所示。

02 选择"窗口"→"动作"命令，打开"动作"面板，单击面板右上角的 按钮，在弹出的下拉菜单中选择"画框"命令，如图 10-14 所示。

图 10-13　素材图片　　　　　　　　　　图 10-14　"动作"面板

03 在"动作"面板中单击"画框"组前的 ▶ 按钮，展开"画框"选项。

04 选择其中的"木质画框-50 像素"命令，单击"播放选定动作"按钮 ，在弹出的"信息"对话框中单击"继续"按钮，最终效果如图 10-15 所示。

图 10-15　画框效果

10.1.4　使用"动作"面板录制动作

■ **任务导读**

有的时候，Photoshop CS4 提供的默认动作并不能够满足需要，为了适应工作环境的要求，用户可以自己手动来完成一些动作的录制。

■ **任务驱动**

录制动作的具体操作步骤如下。

01 在"动作"面板上单击"创建新组"按钮 ，弹出"新建组"对话框，如图 10-16 所示。

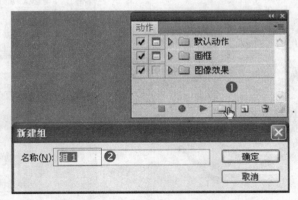

图 10-16　"新建组"对话框

02 在"新建组"对话框中单击"确定"按钮，创建动作"组 1"文件夹，如图 10-17 所示。

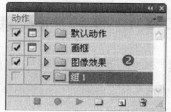

图 10-17 "组 1" 文件夹

03 单击"创建新动作"按钮, 打开"新建动作"对话框, 如图 10-18 所示。

04 单击"记录"按钮, 创建动作 2, 如图 10-19 所示。

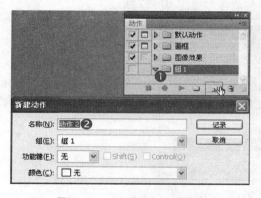

图 10-18 "新建动作"对话框　　　　　　　图 10-19 创建动作 2

05 执行一系列的命令定义为录制的动作, 如图 10-20 所示。

06 单击"停止录制/记录"按钮, 结束动作的录制工作, 如图 10-21 所示, 这样整个动作即录制完成。

图 10-20 记录动作　　　　　　　　　图 10-21 停止录制

10.2 | 使用批处理

　　"批处理"命令可以将指定的动作应用于所有的目标文件。通过"批处理"命令完成大量相同的、重复性的操作可以节省时间, 提高工作效率, 并实现图像处理的自动化。

10.2.1　使用"批处理"命令转换图像格式

■ 任务导读

　　使用"批处理"命令能够对一批文件执行一个动作或者对一个文件执行一系列动作，这样能够避免许多重复性的操作。

■ 任务驱动

　　将一批 JPEG 文件转换为 TIFF 文件的具体操作步骤如下。

01 利用"动作"面板自定义文件格式转换动作，如图 10-22 所示。

图 10-22　"动作"面板

02 选择"文件"→"自动"→"批处理"命令，打开"批处理"对话框，从中设定各种参数，更改源文件、目标文件，文件命名中的扩展名，如图 10-23 所示。

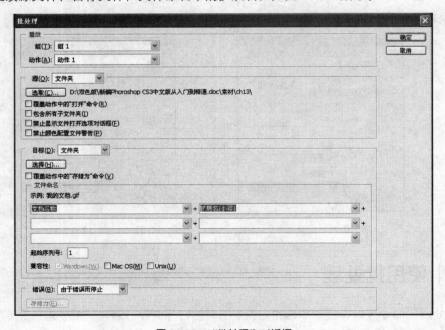

图 10-23　"批处理"对话框

03 单击"确定"按钮，计算机就会自动地按照所设定的"源"和"目标"进行相应的动作处理。

■ **参数解析**

"批处理"对话框中各参数说明如下。

- "播放"设置区：用于选择需要执行的动作命令。
- "组"下拉列表框：用于选择动作序列，这取决于用户在"动作"面板中加载的动作序列。如果用户在"动作"面板中只加载了默认动作序列，那么在此下拉列表框中就只有该动作序列可以选择。
- "动作"下拉列表框：用于从动作序列中选择一个具体的动作。
- "源"下拉列表框：选择将要处理的文件来源，它可以是一个文件夹中的所有图像，也可以是输入或打开的图像。

当在"源"下拉列表框中选择文件夹时，此选项组中提供有以下一些选项。"选取"按钮：单击该按钮可以浏览并选择文件夹。"覆盖动作中的'打开'命令"复选框：忽略动作中的"打开"命令。"包含所有子文件夹"复选框：对该文件夹内所有子目录下的图像同样执行动作。"禁止颜色配置文件警告"复选框：关闭颜色方案信息的显示等。

当在"源"下拉列表框中选择"导入"选项时，在"自"下拉列表框中可以选择文件类型，如图 10-24 所示。

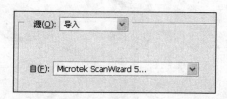

图 10-24 在**"源"**下拉列表框中选择**"导入"**选项

当在"源"下拉列表框中选择"打开的文件"选项时，对话框内不提供任何选项，此时批处理命令只处理在 Photoshop 中打开的文件。

当在"目标"下拉列表框中选择"文件夹"选项时，几个选项将被激活。"选择"按钮：单击此按钮可以浏览选择文件夹。"覆盖动作中的'存储为'命令"复选框：忽略动作中的"存储为"命令。"文件命名"设置区：用于确定文件命名的方式，该选框中提供了多种命名的方式，这样可以避免重复并且便于查找。

"错误"下拉列表框：提供遇到错误时的两种处理方案，一是遇到错误即停止，二是将错误信息保存，如图 10-25 所示。

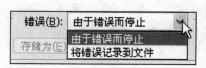

图 10-25 "错误"下拉列表框

10.2.2 创建快捷批处理方法

■ **任务导读**

创建快捷批处理命令即是创建一个具有批处理功能的可执行程序。

快捷批处理用来将动作加载到一个文件或者一个文件夹中的所有文件之上。当然，要完成执行的过程，还需要启动 Photoshop 程序并在其中进行处理，但如果要频繁地对大量的图像进行同样的动作处理，那么应用快捷批处理就可以大幅度地提高工作效率。

■ **任务驱动**

创建快捷批处理方法的具体操作步骤如下。

01 选择"文件"→"自动"→"创建快捷批处理"命令，打开"创建快捷批处理"对话框，如图 10-26 所示。

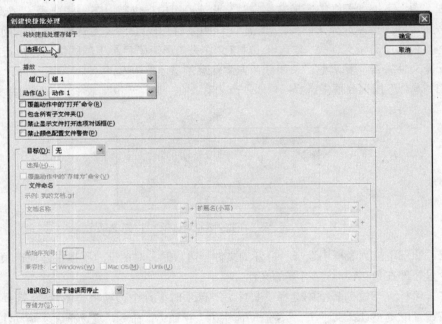

图 10-26 "创建快捷批处理"对话框

[**高手指点**：一定要选中"覆盖动作中的'打开'命令"复选框和"覆盖动作中的'存储为'命令"复选框。]

02 单击"将快捷批处理存储于"选项中的"选择"按钮，打开"存储"对话框，为即将创建的快捷批处理设置名称和保存位置，如图 10-27 所示。

图 10-27 "存储" 对话框

03 单击 "保存" 按钮关闭对话框，返回到 "创建快捷批处理" 对话框，此时 "选择" 按钮的右侧会显示快捷批处理程序的保存位置，如图 10-28 所示。单击 "确定" 按钮可以将创建的快捷批处理程序保存在指定的位置。

图 10-28 "快捷批处理" 的存储位置

04 在快捷批处理的存储位置可以看到一个 状的图标，该图标便是快捷处理程序。在使用快捷批处理时，只需将图像或文件夹拖至 图标上，便可以实现批处理，如图 10-29 所示。即使没有运行 Photoshop，也可以完成批处理操作。

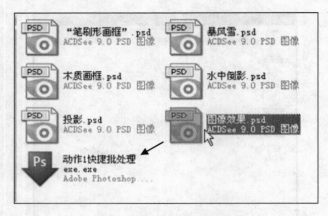

图 10-29　使用 "快捷批处理"

■ 参数解析

　　"创建快捷批处理" 对话框与 "批处理" 对话框十分相似，可以将快捷批处理理解为批处理命令的保存形式。有了批处理，就可以随时对一个单独的文件或一个文件夹内的所有文件进行动作处理，使源文件的选择更加灵活。

- "将快捷批处理存储于" 设置区：用于选择一个地址保存生成的快捷批处理。
- "播放" 设置区：选择一个动作序列中的具体动作，这一系列选项与 "批处理" 对话框中的选项相同，在此不再赘述。
- "目标" 设置区：确定如何保存处理过的文件，这一系列选项与 "批处理" 对话框中的选项相同，在此不再赘述。
- "错误" 下拉列表框：与 "批处理" 对话框相同，在此不再赘述。

10.3 | 本章小结

　　本章主要介绍了如何使用"动作"面板、使用内置动作、使用批处理功能等知识。在 Photoshop CS4 中，"文件" → "自动" 的级联菜单中提供了几种新的自动功能，如裁剪并修齐照片命令，可自动修剪不完美的照片，操作非常简单。建议用户在操作过程中总结归纳重点命令的运用，以提高学习效率。

11

特效文字设计

本章知识点

- 金属镂空文字
- 翡翠文字
- 墙面喷涂文字
- 卡通饼干文字
- 平面渐隐文字

　　文字作为现代社会信息交流的重要载体,可以通过特殊的、具有独特意味的"形"来传达。在接触文字的时候,人们对它的"形"进行理解,进而转化成为对"意"的理解,最后达到交流与沟通的目的,这就是文字最基本的作用。随着社会的发展,人们在阅读、浏览文字时,不仅仅希望获得所需的信息,还会注意文字在视觉上的表现形式,并从中获得美感。正因为文字的外形会左右人们的阅读心理,所以,作为视觉传递基本手段之一的特效文字,因其所具有的、与标准文字有所区别的"形"与"意",从而具有了更加重要的意义。

　　今天,人们已经可以看到特效文字在视觉传达设计中已经成为必不可少的因素。在报纸广告、杂志广告、路牌广告、灯箱广告、POP 广告、车体广告等广告形式中,特效文字不仅可以更好地传情达意,而且还可以给人以很大的视觉享受。如图 11-1 所示为两种不同的特效文字。

图 11-1　特效文字

11.1 | 金属镂空文字

　　本实例主要制作个性鲜明的金属镂空文字,重叠立体的渐变文字在红色的背景下跳跃,具有很强的视觉冲击力。

　　打开本书配套光盘中的 "光盘\结果\ch11\金属镂空文字 1.psd" 文件,可查看该文字的效果，如图 11-2 所示。

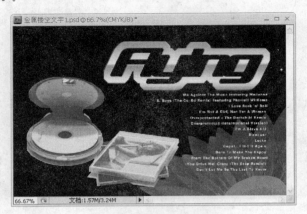

图 11-2　金属镂空文字效果

01　选择"文件"→"新建"命令，新建一个名称为"金属镂空文字"、大小为 80mm×50mm、分辨率为 350 像素/英寸、颜色模式为 CMYK 的文件，如图 11-3 所示。

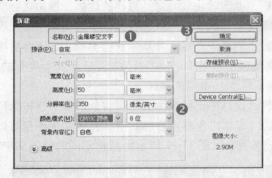

图 11-3　新建文件

02　在工具箱中单击"设置前景色"按钮 ，在"拾色器（前景色）"对话框中设置为（C：100，M：98，Y：20，K：24），如图 11-4 所示。

03　按 Ctrl+Delete 组合键填充，效果如图 11-5 所示。

图 11-4　设置前景色　　　　　　　　　图 11-5　填充前景色

04　选择"文字工具" T ，在"字符"面板中设置如图 11-6 所示的各项参数。

05 输入 Flying，选择移动工具 ，按键盘中的方向键适当调整文字的位置，如图 11—7 所示。

图 11-6 设置"字符"面板

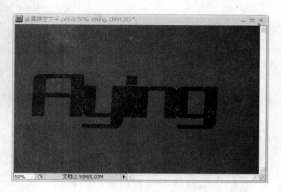

图 11-7 调整文字的位置

06 选择"编辑"→"自由变换"命令，在按住 Ctrl 键的状态下拖动编辑点对图像进行变形处理，完成后按 Enter 键确定，如图 11—8 所示。

图 11-8 变形处理

07 按住 Ctrl 键的同时单击 Flying 图层前的缩览图，将文字载入选区，如图 11—9 所示。

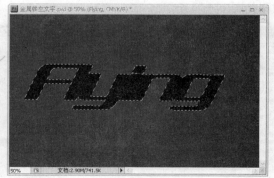

图 11-9 创建选区

08 选择"选择"→"修改"→"扩展"命令，在弹出的对话框中设置"扩展量"为 35 像素，如图 11—10 所示。

233

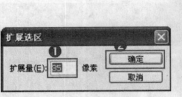

图 11-10 扩展选区

09 在"图层"面板中单击"创建新图层"按钮，新建图层 1，如图 11-11 所示。

10 在工具箱中设置前景色为白色，按 Alt+Delete 组合键填充，再按 Ctrl+D 组合键取消选区，效果如图 11-12 所示。

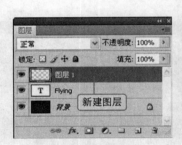

图 11-11 新建图层

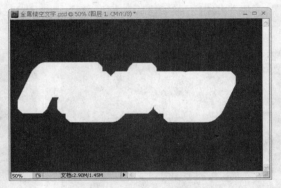

图 11-12 填充并取消选区

11 双击"图层 1"的蓝色区域，在弹出的"图层样式"对话框中分别选中"投影"和"渐变叠加"复选框，然后分别设置各项参数。其中，在"渐变叠加"面板的渐变编辑器中设置色标依次为灰色(C：64，M：56，Y：56，K：32)、白色、灰色(C：51，M：51，Y：42，K：6)、白色，效果如图 11-13 所示。

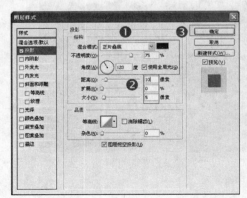
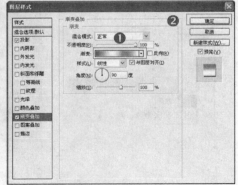

图 11-13 设置图层样式

12　图层样式设置完成之后，单击"确定"按钮，效果如图 11—14 所示。

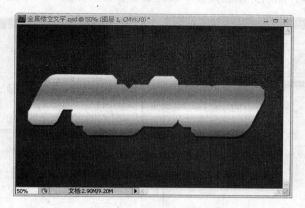

图 11-14　图层样式效果

13　按住 Ctrl 键的同时单击"图层 1"前的缩览图，将文字载入选区。

14　选择"选择"→"修改"→"扩展"命令，在弹出的对话框中设置"扩展量"为 10 像素，如图 11—15 所示。

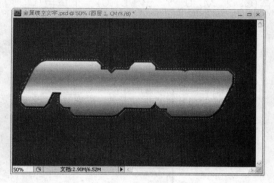

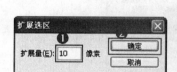

图 11-15　扩展选区

15　新建图层 2，按 Alt+Delete 组合键填充，再按 Ctrl+D 组合键取消选区，效果如图 11—16 所示。

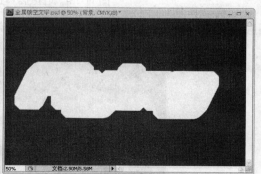

图 11-16　新建图层并填充选区

16　双击"图层 2"的蓝色区域，在弹出的"图层样式"对话框中分别选中"外发光"和

"斜面和浮雕"复选框. 然后分别在面板中设置各项参数, 如图 11-17 所示。

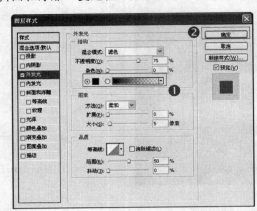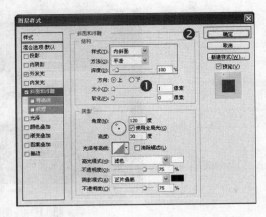

图 11-17　设置图层样式

17 选中"渐变叠加"复选框. 在渐变编辑器中设置色标依次为土黄色(C：17, M：48, Y：100, K：2)、浅黄色(C：2, M：0, Y：51, K：0)、土黄色(C：17, M：48, Y：100, K：2)、浅黄色(C：2, M：0, Y：51, K：0)、土黄色(C：17, M：48, Y：100, K：2), 如图 11-18 所示。

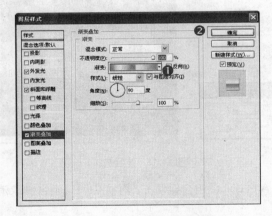

图 11-18　设置图层样式

18 图层样式设置完成之后, 单击"确定"按钮, 效果如图 11-19 所示。

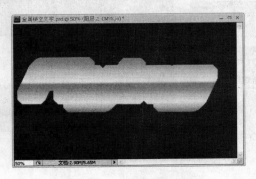

图 11-19　图层样式效果

19 按住 Ctrl 键的同时单击 Flying 图层前的缩览图，将文字载入选区，如图 11-20 所示。
单击 Flying 图层前的"指示图层可视性"按钮 ，隐藏该图层，如图 11-21 所示。

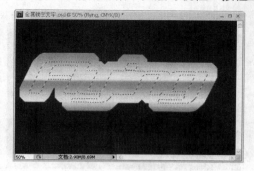

图 11-20 将文字载入选区

图 11-21 隐藏图层

20 选择"选择"→"修改"→"扩展"命令，在弹出的对话框中设置"扩展量"为 5 像
素，如图 11-22 所示。

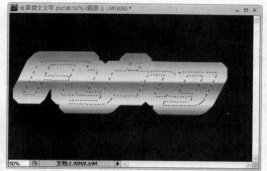

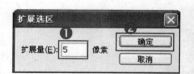

图 11-22 扩展选区

21 选择"图层 2"，按 Delete 键删除图像，效果如图 11-23 所示。

22 选择"图层 1"，按 Delete 键删除图像，完成后按 Ctrl+D 组合键取消选区，效果如图
11-24 所示。

图 11-23 删除"图层 2"的图像

图 11-24 删除"图层 1"的图像

23 选择"文件"→"打开"命令，打开"光盘\素材\ch11\CD 碟.psd"文件，如图 11-25

所示。

24 使用 "移动工具" 将文字拖曳到 CD 碟画面中，并调整好位置，效果如图 11-26 所示。

图 11-25　CD 碟素材图片

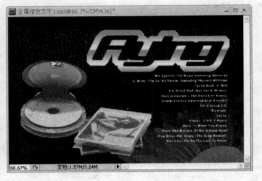

图 11-26　完成效果

25 完成上面的操作后，保存文件。

11.2 | 墙面喷涂文字

本实例主要制作墙面喷涂文字，使文字的真实质感与背景图像自然地结合。

打开 "光盘\结果\ch11\墙面喷涂文字 1.psd" 文件，可查看该文字的效果，如图 11-27 所示。

图 11-27　墙面喷涂文字效果

01 选择 "文件" → "打开" 命令，打开 "光盘\素材\ch11\墙面喷涂文字.jpg" 文件，如图 11-28 所示。

02 切换到 "通道" 面板，单击 "创建新通道" 按钮，创建 Alpha 1，如图 11-29 所示。

图 11-28 素材图片

图 11-29 创建新通道

03 选择 "文字工具" T，在 "字符" 面板中设置各项参数，颜色设置为白色，如图 11-30 所示。

04 在通道中输入 love，选择 "移动工具" ，按方向键适当调整文字的位置，如图 11-31 所示，最后按 Ctrl+D 组合键取消选区。

图 11-30 设置 "字符" 面板

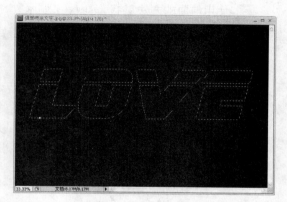

图 11-31 调整文字的位置

05 将 Alpha 1 拖至 "创建新通道" 按钮 上，复制得到一个 "Alpha 1 副本"，如图 11-32 所示。

06 对 "Alpha 1 副本" 执行 "滤镜" → "模糊" → "高斯模糊" 命令，在弹出的对话框中设置 "半径" 为 15 像素，如图 11-33 所示。

图 11-32 复制通道

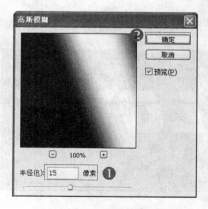

图 11-33 设置高斯模糊

07 对"Alpha 1 副本"执行"滤镜"→"艺术效果"→"干画笔"命令，在弹出的对话框中设置各项参数，效果如图 11-34 所示。

图 11-34 设置"干画笔"效果

08 使用前面的方法复制"Alpha 1 副本"，得到"Alpha 1 副本 2"，如图 11-35 所示。按 Ctrl+L 组合键弹出"色阶"对话框，设置各项参数如图 11-36 所示。

图 11-35 复制通道

图 11-36 设置色阶

09 按住 Ctrl 键的同时单击"Alpha 1 副本 2"的通道缩览图，将通道载入选区，效果如图 11-37 所示。

10 切换到"图层"面板，新建图层 1，设置前景色为红色(C：0，M：100，Y：100，K：0)，再按 Alt+Delete 组合键填充选区，效果如图 11-38 所示。

图 11-37 将通道载入选区

图 11-38 填充选区

11 设置图层的混合模式为〝正片叠底〞，〝不透明度〞为 60％，效果如图 11-39 所示。

图 11-39 设置图层的混合模式

12 复制〝Alpha 1 副本〞，得到〝Alpha 1 副本 3〞，如图 11-40 所示。

13 对〝Alpha 1 副本 3〞执行〝滤镜〞→〝其他〞→〝最大值〞命令，在弹出的对话框中设置〝半径〞为 4 像素，如图 11-41 所示。

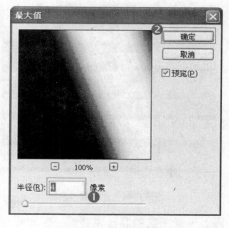

图 11-40 复制通道　　　　　　　　　　图 11-41 设置最大值

14 对〝Alpha 1 副本 3〞执行〝滤镜〞→〝艺术效果〞→〝绘画涂抹〞命令，在弹出的对话框中设置〝画笔类型〞为〝宽锐化〞，并设置其他各项参数，效果如图 11-42 所示。

图 11-42 绘画涂抹

15 按快捷键 Ctrl+L，弹出〝色阶〞对话框，设置各项参数，如图 11-43 所示。

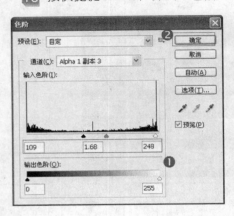

图 11-43 调整〝色阶〞的效果

16 使用前面的方法，载入〝Alpha 1 副本 3〞的通道选区，如图 11-44 所示。回到〝图层〞面板，新建图层 2，设置前景色为暗红色(C：24，M：100，Y：100，K：23)，再按快捷键 Alt+Delete 对选区进行填充，效果如图 11-45 所示。

图 11-44 通道载入选区　　　　　　　　　图 11-45 填充选区

17 设置图层的混合模式为〝正片叠底〞，如图 11-46 所示，最后按 Ctrl+D 组合键取消选区，效果如图 11-47 所示。

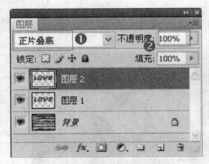

图 11-46 设置图层的混合模式　　　　　　图 11-47 取消选区

18 单击图层前的〝指示图层可视性〞按钮，隐藏〝图层 1〞和〝图层 2〞，如图 11-48 所示。

19 切换到″通道″面板，复制通道″蓝″，得到一个″蓝 副本″通道，如图 11-49 所示。

图 11-48　隐藏图层

图 11-49　复制通道

20 按快捷键 Ctrl+L，弹出″色阶″对话框，参照图 11-50 所示设置各项参数，调整″蓝 副本″的色阶，单击″确定″按钮，效果如图 11-51 所示。

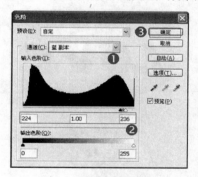

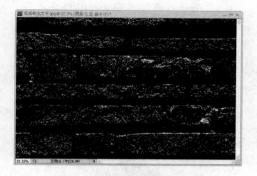

图 11-50　设置色阶

图 11-51　设置色阶后的效果

21 使用前面的方法，单击通道前的缩览图，将″蓝″通道的图像载入选区。回到″图层″面板，选择背景图层，然后按快捷键 Ctrl +J 复制背景图层的选区内容，得到″图层 3″。

22 调整图层的顺序，并单击″图层 1″和″图层 2″前的″指示图层可视性″按钮，显示该图层，效果如图 11-52 所示。

图 11-52　调整图层后的效果

23 在选择″图层 3″的状态下，单击″图层 2″前的缩览图，将图像载入选区，执行″选择″→″反向″命令，效果如图 11-53 所示。

24 按 Delete 键删除文字以外的斑驳效果，效果如图 11-54 所示。至此，本实例制作完成。

图 11-53　反选选区

图 11-54　完成效果

25 选择"文件"→"打开"命令，打开"光盘\素材\ch11\音乐.jpg"文件，如图 11-55 所示。

26 使用"移动工具" 将上述制作好的"墙面喷涂文字"拖曳到"音乐"文件中，并调整好位置，效果如图 11-56 所示。

图 11-55　素材图片

图 11-56　完成后的效果

27 完成上面的操作后，保存文件。

11.3 | 平面渐隐文字

本实例主要制作渐隐的平面文字，根据画面的需要，通过对不透明度、高斯模糊滤镜及图层样式等进行巧妙的设置，使图像效果层次丰富并富有空间感。

打开"光盘\结果\ch11\平面渐隐文字.psd"文件，可查看该文字的效果，如图 11-57 所示。

图 11-57 平面渐隐文字效果

01 选择"文件"→"打开"命令，打开"光盘\素材\ch11\小提琴.jpg"文件，如图 11-58 所示。

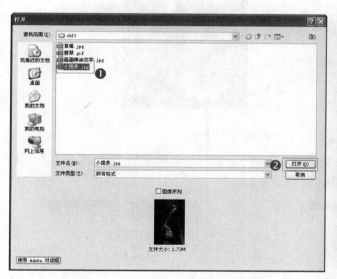

图 11-58 打开素材文件

02 设置前景色为白色，选择"自定形状工具"，在选项栏中单击"填充像素"和"点按可打开'自定形状'拾色器"按钮，在下拉列表框中选择"八分音符"图案，如图 11-59 所示。

03 新建一个图层，用鼠标在画布中拖曳出"八分音符"形状，如图 11-60 所示。

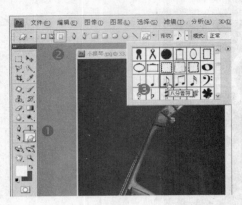

图 11-59 选择自定形状工具

图 11-60 绘制自定形状

04 同理，在不同的图层中绘制出其他音符，如图 11-61 所示。

图 11-61 继续绘制自定形状

05 分别复制 3 个音符图层，如图 11-62 所示，然后分别单击 3 个音符图层前的"指示图层可视性"按钮 ，隐藏该图层，如图 11-63 所示。

图 11-62 复制图层

图 11-63 隐藏图层

06 选择"图层1副本",再选择"滤镜"→"模糊"→"高斯模糊"命令,在弹出的对话框中设置"半径"为5像素,如图11-64所示。

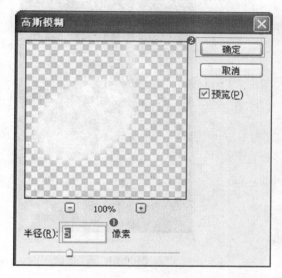

图 11-64　设置高斯模糊

07 双击"图层1副本"的蓝色区域,在弹出的"图层样式"对话框中选中"外发光"复选框,然后在面板中设置各项参数,颜色设置为白色,效果如图11-65所示。

08 单击"图层1"前的"指示图层可视性"按钮 👁 ,显示该图层,如图11-66所示。

09 选择"编辑"→"自由变换"命令,对图像进行适当的缩小及旋转,完成后按 Enter 键确定,效果如图11-67所示。

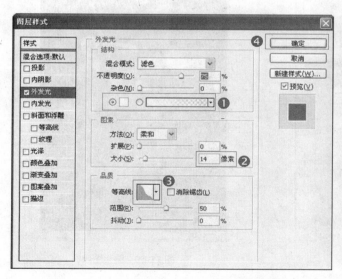

图 11-65　设置图层样式

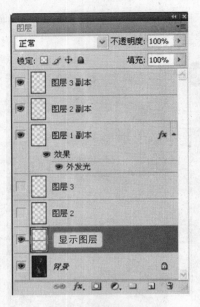

图 11-66　显示图层

图 11-67　调整图像

10 复制"图层 1 副本"，生成"图层 1 副本 2"，如图 11—68 所示。

11 选择"编辑"→"自由变换"命令，对图像进行适当的缩小及旋转，完成后按 Enter 键确定，效果如图 11—69 所示。

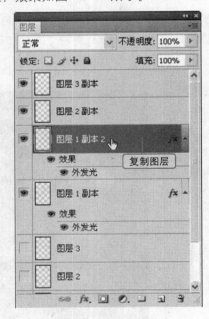

图 11-68　复制图层

图 11-69　调整图像

12 设置"图层 1 副本 2"的"不透明度"为 70%，效果如图 11—70 所示。

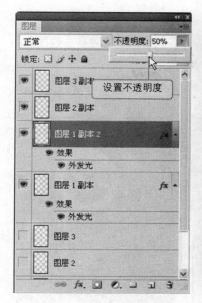

图 11-70　调整"不透明度"

13 使用以上方法分别设置另外两个音符图层，根据需要适当地缩小或选择处理，并调整其不透明度及图层样式，完成后的效果如图 11-71 所示。

14 新建"图层 4"，选择"椭圆选框工具"○，在图像中绘制一个椭圆，并按 Alt+Delete 组合键填充白色前景色，效果如图 11-72 所示。

图 11-71　设置音符后的效果

图 11-72　绘制圆形

15 选择"选择"→"修改"→"收缩"命令，在"收缩选区"对话框中设置"收缩量"为 50 像素，再单击"确定"按钮，最后按 Delete 键删除选区部分，效果如图 11-73 所示。

16 选择"编辑"→"自由变换"命令，对图像进行适当的缩小，完成后按 Enter 键确定。

17 复制"图层 4"，生成"图层 4 副本"，设置"图层 4 副本"的"不透明度"为 10%，效果如图 11-74 所示。

⒅ 重复前面两步，根据需要复制圆环，并调整大小和不透明度，效果如图 11-75 所示。

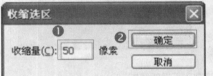

图 11-73　绘制圆环

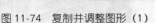

图 11-74　复制并调整图形（1）　　　　　　　　　图 11-75　复制并调整图形（2）

⒆ 选择 "文件" → "打开" 命令，打开 "光盘\素材\ch11\文本 01.psd" 文件，如图 11-76 所示。

⒇ 使用 "移动工具" 将文字拖曳到小提琴画面中，并调整好位置，效果如图 11-77 所示。

图 11-76　素材图片

图 11-77　绘制完成

21　完成上面的操作后，保存文件。

11.4 | 翡翠文字

本实例将制作具有翡翠质感的特效文字，充分利用图层样式的各种设置制作出翡翠晶莹剔透的效果。

打开 "光盘\结果\ch11\翡翠文字 1.psd" 文件，可查看该文字的效果，如图 11-78 所示。

图 11-78　翡翠文字效果

01　选择 "文件" → "新建" 命令，新建一个名称为 "翡翠文字"、大小为 80mm×50mm、分辨率为 350 像素/英寸、颜色模式为 CMYK 的文件，如图 11-79 所示。

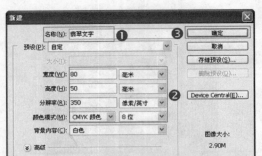

图 11-79　新建文件

02 选择"文字工具" T，在"字符"面板中设置各项参数，颜色设置为黑色，如图 11-80 所示。

03 在图像窗口中输入 Gem，选择"移动工具" ，按键盘中的方向键适当调整文字的位置，如图 11-81 所示。

图 11-80　设置"字符"面板　　　　　　　　　图 11-81　调整文字的位置

04 选择"文件"→"打开"命令，打开"光盘\素材\ch11\翡翠.gif"文件，如图 11-82 所示。

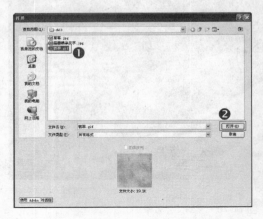

图 11-82　打开素材图片

05 选择"编辑"→"定义图案"命令，在弹出的对话框中保持默认设置，单击"确定"按钮，如图 11-83 所示。

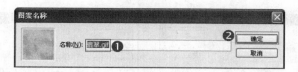

图 11-83 设置 "定义图案"

06 返回 "翡翠文字" 图像，双击 Gem 的蓝色区域，在弹出的 "图层样式" 对话框中分别选中 "投影" 和 "内阴影" 复选框，然后分别在面板中设置各项参数，其中 "内阴影" 的颜色为深绿色 (C：91，M：50，Y：66，K：47)，效果如图 11-84 所示。

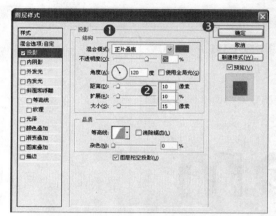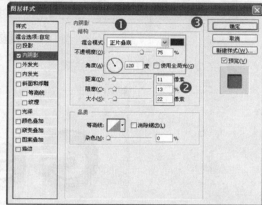

图 11-84 设置图层样式 (1)

07 选中 "内发光" 和 "斜面和浮雕" 复选框，然后分别在面板中设置各项参数，其中 "内发光" 的颜色为绿色 (C：89，M：30，Y：100，K：21)，"斜面和浮雕" 的 "高光模式" 颜色为 (C：18，M：8，Y：36，K：0)，"阴影模式" 颜色为 (C：88，M：28，Y：100，K：19)，如图 11-85 所示。

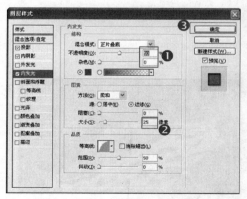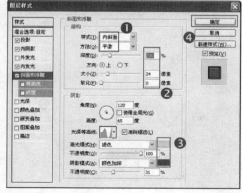

图 11-85 设置图层样式 (2)

08 选中 "颜色叠加" 和 "图案叠加" 复选框，然后分别在面板中设置各项参数，其中 "颜色叠加" 的颜色为灰色 (C：62，M：10，Y：94，K：1)，"图案叠加" 的图案选择自定义的 "翡翠" 图案，如图 11-86 所示。

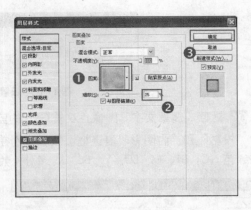

图 11-86　设置图层样式（3）

09 完成图层样式的操作后，效果如图 11-87 所示。

图 11-87　文字效果

10 选择"文件"→"打开"命令，打开"光盘\素材\ch11\宝石．jpg"文件，如图 11-88
所示。

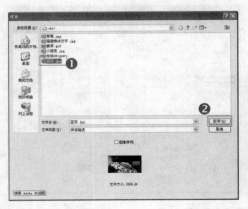

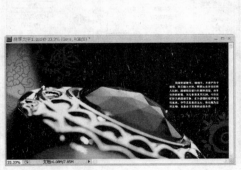

图 11-88　打开素材图片

11 使用"移动工具" 将上述制作好的"翡翠文字"拖曳到"宝石"文件中，并调整好
位置，效果如图 11-89 所示。

图 11-89 完成绘制

12 完成上面的操作后，保存文件即可。

11.5 | 卡通饼干文字

本实例将制作饼干质感的卡通文字，橙色的文字效果与蓝色的背景形成鲜明的对比。

打开"光盘\结果\ch11\卡通饼干文字 1.psd"文件，可查看该文字的效果，如图 11-90 所示。

图 11-90 卡通饼干文字效果

01 选择"文件"→"打开"命令，打开"光盘\素材\ch11\草莓.jpg"文件，如图 11-91 所示。

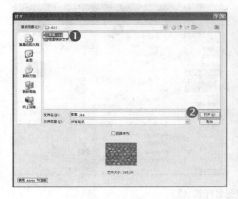
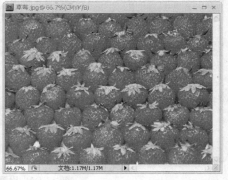

图 11-91 打开素材图片

02 选择"文字工具" ，输入文字 Food，在"字符"面板中设置各项参数，颜色设置为黑色，如图 11-92 所示。

图 11-92 输入文字

03 双击 Food 的蓝色区域，在弹出的"图层样式"对话框中分别选中"投影"和"外发光"复选框，然后分别在面板中设置各项参数，其中"外发光"的颜色为黑色，如图 11-93 所示。

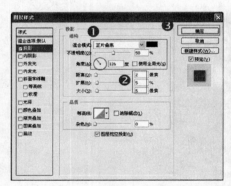
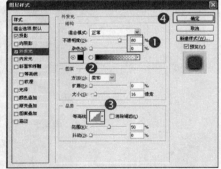

图 11-93 设置图层样式（1）

04 选中"内发光"和"斜面和浮雕"复选框，然后分别在面板中设置各项参数，如图 11-94 所示。

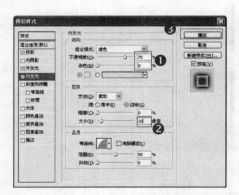
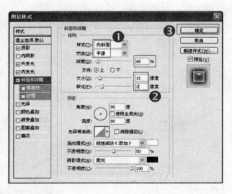

图 11-94 设置图层样式（2）

05 选中〝等高线〞和〝纹理〞复选框，然后分别在面板中设置各项参数，如图 11-95 所示。

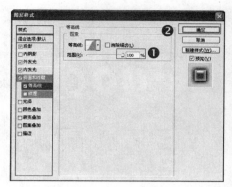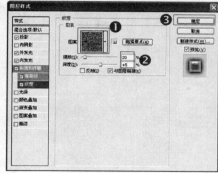

图 11-95 设置图层样式（3）

06 选中〝颜色叠加〞复选框，设置颜色为（C：0，M：0，Y：100，K：0）的黄色，再选中〝内阴影〞和〝光泽〞复选框，然后分别在面板中设置各项参数，其中〝内阴影〞的颜色为灰色（C：33，M：72，Y：93，K：31），如图 11-96 所示。

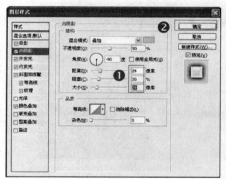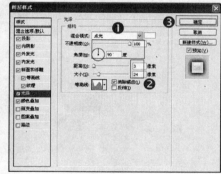

图 11-96 设置图层样式（4）

07 选中〝渐变叠加〞和〝图案叠加〞复选框，然后分别在面板中设置各项参数，如图 11-97 所示。

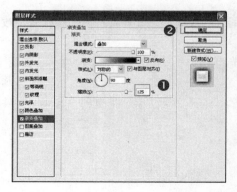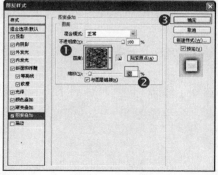

图 11-97 设置图层样式（5）

08 选中"描边"复选框，然后在面板中设置各项参数，其中"颜色"设置为黑色，如图 11−98 左图所示，设置图层样式后的效果如图 11−98 右图所示。

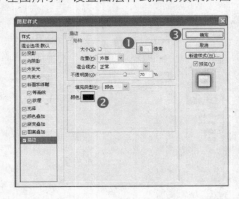

图 11-98　设置图层样式（6）及其效果

09 选择"文字工具" T，输入文字"is the"，字体大小为 74；输入文字"delicacy nutrition"，字体大小为 57，颜色设置为黑色，如图 11−99 所示。

图 11-99　输入文字

10 在文字图层 Food 上单击右键，在弹出的快捷菜单中选择"拷贝图层样式"命令，然后在文字图层"is the"上单击右键，在弹出的快捷菜单中选择"粘贴图层样式"命令，效果如图 11−100 所示。

11 对"delicacy nutrition"文字图层进行同样的操作，为其复制粘贴图层样式，效果如图 11−101 所示。

12 选择"文件"→"打开"命令，打开"光盘\素材\ch11\烤鸡.jpg"文件，如图 11−102 所示。

13 选择"移动工具" ，将上述制作好的"卡通饼干文字"拖曳到"烤鸡"文件中，并调整好位置，效果如图 11−103 所示。

图 11-100 复制图层样式（1）

图 11-101 复制图层样式（2）

图 11-102 素材图片

图 11-103 绘制完成

14 完成上面的操作后，保存文件即可。

11.6 | 本章小结

本章通过大量地使用了图层样式效果、图层复制、自定义形状图案、通道复制和色阶调整等命令来制作炫彩的文字效果。在工作中，读者可根据需要来设计不同的文字特效，以突出主题，加强画面的宣传效果。如制作汽车海报时，文字处理上需要突出金属感和时尚感，此时就可以制作类似金属镂空的特效文字；而为宝石制作宣传海报时，则应该着重突出宝石的华丽光泽和晶莹剔透的效果，就适合用上述翡翠文字特效。

Chapter

12

界面效果设计

本章知识点

- 用户界面设计的技巧与技术
- 《Autumn》CD 光盘设计
- 手机界面的绘制

对大多数人来说，用户界面就是软件本身，所以掌握用户界面设计的技巧与技术是让软件走向市场的最直观因素。

对于应用软件来说，一个基本的现实是：用户界面是面向用户的。用户需要的是开发者开发的应用软件满足其需求，并且易于使用。

界面设计的重要性有以下两个原因：首先，用户界面越直观，就越易用，越易用就越便宜。因为界面越好，培训用户就越容易，降低了培训成本；界面越出色，用户就越少求助，降低了客户支持成本。其次，界面越出色，用户就喜欢使用，增强了开发者工作的满意度。

12.1 | 用户界面设计的技巧与技术

掌握界面设计技巧有助于提高面向对象界面的设计。开发者在设计用户界面时需要遵循以下原则。

1．一致

开发者能做的最重要的事情就是保证用户界面的一致性。对于列表框来说，如果双击其中的项使得某些事件发生，那么双击任何其他列表框中的项都应该有同样的事件发生。所有窗口按钮的位置要一致，标签和信息的措辞要一致，颜色方案要一致。用户界面的一致性使用户建立精确的心理模型，从而降低培训和支持成本。

2．建立标准并遵循

在应用软件中保持一致的唯一途径就是建立设计标准并加以遵循，最好的办法是采取一套行业标准，再对自身特殊的需要加以补充。

3．阐明规则

用户要知道怎么使用开发者开发的软件。软件运作的一致性表明，规则只需解释一遍，这比一步步详细讲解如何使用应用软件的每个特性要容易得多。

4．同时支持生手和熟手

图书馆目录符号对图书馆系统的一般用户来说也许已经够用了，但对图书管理员来说就没有那么有效了。图书管理员受过专门训练，能够使用复杂的查询系统找到信息，因此应当考虑建立一套查询界面，以满足他们的独特需要。

5．界面间的切换要简单易用

如果从一个屏幕切换到另一屏幕很困难，用户就会失去耐心并放弃。当屏幕流程与用户想完成的工作流程相符时，此软件对用户才有意义。由于不同的用户工作方式不同，这就需要应用软件有足够的灵活性来支持他们的不同方式。

6．界面上的布局很重要

人们一般是自左而右、从上而下阅读的，基于人们的习惯，屏幕的组织也应当是自左而右、从上而下。屏幕的小部件也应以用户熟悉的方式进行布局。

7．信息和标签措辞要得当

屏幕上显示的文本是用户主要的信息来源。如果文本措辞很糟，用户就很难理解。要使用完整的措辞和句子，而不要用缩写和代码，使文本易于理解。信息措辞要积极，显示用户处于控制之中，并提示如何正确使用软件。

8．了解小部件

恰当的任务应使用恰当的小部件，这样有利于增强应用软件的一致性。学会如何正确使用小部件的唯一途径是阅读和理解采用的用户界面标准及准则。

9．颜色使用要适当

这主要体现在两个方面：一方面是使用颜色要谨慎；另一方面是颜色的使用要一致，以使整个应用软件有同样的外观。

10．遵循对比原则

要在应用软件中使用颜色，首先必须确保屏幕的可读性，最好的方法是遵循对比原则：在浅色背景上使用深色文字，在深色背景上使用浅色文字。

11．字体使用要适当

要使用可读性好的字体，如 Serif 或 Times Roman。另外，字体的使用要一致。使用两三种字体的屏幕看上去远胜于使用五六种字体的屏幕，如图 12-1 所示。每次改变字体的大小、风格(粗体、斜体、下划线、……)、样式或颜色，都是在使用不同的字体。

图 12-1　不同字体的界面设计

12．合理安排默认按钮

有时用户会意外地按回车键，结果就激活了默认按钮。默认按钮绝不能有潜在的破坏性，如删除或保存(也许用户根本不想保存)。

13．合理排列区域

当屏幕有多个编辑区域时，要以视觉效果和效率来组织这些区域。编辑区域左对齐是最好的方法，即要使编辑区域左边界在一条直线上且上下排列。与之相应的标签则应右对齐，置于编辑区域旁。这是屏幕上组织区域的最整洁有效的方式。

14．数据对齐

对一列列的数据，通常的做法是整数和浮点数右对齐，字符串左对齐。

15．屏幕排列简洁

拥挤的屏幕让人难以理解，因而难以使用。实验结果(Mayhew，1992 年)显示，屏幕总体盖度不应超过 40％，而分组中屏幕盖度不应超过 62％。如图 12-2 所示为屏幕排列示例。

图 12-2　屏幕排列示例

16. 有效组合项目

逻辑上关联的项目在屏幕上应当加以组合，以显示其关联性。反之，任何相互之间毫不相关的项目应当分隔开。在项目集合间用间隔（/）或方框对其进行分组。

17. 在操作焦点处打开窗口

当用户双击一个对象显示其编辑或详情屏幕时，用户的注意力也集中于此，因而应在此处而不是其他地方打开窗口。

12.2 ｜《Autumn》CD 光盘设计

打开"光盘\结果\ch12\《Autumn》CD 光盘设计.psd"文件，可查看该光盘的效果，如图 12-3 所示。

图 12-3　《Autumn》CD 光盘设计效果图

12.2.1　设计前期定位

这个光盘是法国轻音乐合集，歌曲的主题大多是和秋天有关的，因此合集的名称就定为《Autumn》。接下来就向读者介绍该光盘封面设计的具体事项。

1．设计定位

《Autumn》CD 属于大众化音乐，但是比较受到白领女性的推崇，其消费对象主要为职场的年轻女性用来缓解工作压力，放松神经，销售场所以音响店为主。

2．设计说明

采用秋天的主色调和花纹图案的剪影来作为主体，配以醒目的字体来展现内容，在传递内容信息的同时，可以起到吸引消费者的目的。

3．设计重点

《Autumn》CD 设计主要包括图片、文字以及色彩的处理。在 CD 设计中主要有以下设计重点。

- 对图片进行切割，以便更好地体现图片的视觉冲击力。
- 文字大小和图案应有鲜明的对比，以符合年轻一族的视觉要求。

12.2.2 CD 光盘图形的绘制

打开"光盘\结果\ch12\《Autumn》CD 光盘设计.psd"文件，可查看该光盘设计的最终效果，如图 12-4 所示。

图 12-4 CD 光盘设计效果

01 选择"文件"→"新建"命令，新建一个名称为"《Autumn》CD 光盘设计"、大小为 120mm×120mm、分辨率为 200 像素/英寸、颜色模式为 CMYK 的文件，如图 12-5 所示。

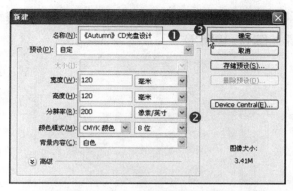

图 12-5　新建文件

02 在＂图层＂面板，单击＂创建新图层＂按钮 ，新建图层 1，如图 12－6 所示。

03 选择＂椭圆选框工具＂ ，按住 Shift＋Alt 组合键绘制一个如图 12－7 所示的正圆。

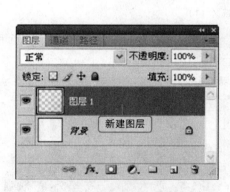

图 12-6　新建图层

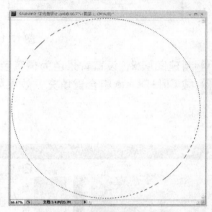

图 12-7　绘制正圆

04 在工具箱中单击＂设置背景色＂按钮 ，在弹出的＂拾色器（背景色）＂对话框中设置背景色为灰色（C：0，M：0，Y：0，K：20），如图 12－8 所示。

05 按 Ctrl＋Delete 组合键填充，效果如图 12－9 所示。

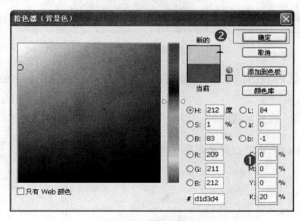

图 12-8　设置背景色

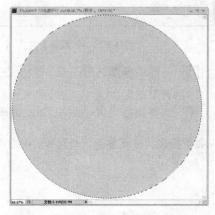

图 12-9　填充背景色

06 选择"选择"→"修改"→"收缩"命令，在"收缩选区"对话框中设置"收缩量"
为 10 像素，再单击"确定"按钮，效果如图 12-10 所示。

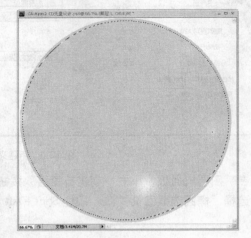

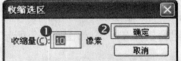

图 12-10　调整选区（1）

07 新建图层 2，设置背景色为橘黄色（C：8，M：56，Y：100，K：1），如图 12-11 所示。

08 按 Ctrl+Delete 组合键填充，效果如图 12-12 所示。

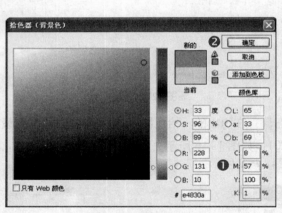

图 12-11　设置背景色　　　　　　　　　　　　图 12-12　填充背景色

09 选择"椭圆选框工具" ，在选区内右击，在弹出的快捷菜单中选择"变换选区"命
令，然后调整选区的大小，如图 12-13 所示。

10 调整到适当大小后按 Enter 键确定，效果如图 12-14 所示。

高手指点：在调整选区的时候，按住 Shift + Alt 组合键可等比例地放大或缩小选区。

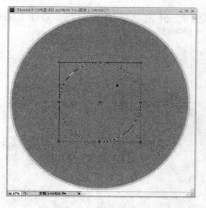

图 12-13　调整选区（2）

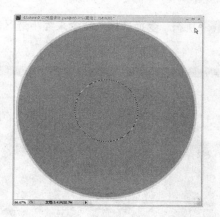

图 12-14　确定选区

11 新建图层 3，如图 12-15 所示，设置背景色为白色，按 Ctrl+Delete 组合键填充，效果如图 12-16 所示。

图 12-15　新建图层

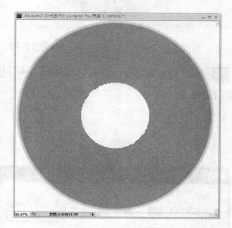

图 12-16　填充选区

12 选择＂选择＂→＂修改＂→＂收缩＂命令，在＂收缩选区＂对话框中设置＂收缩量＂为 10 像素，再单击＂确定＂按钮，并按 Delete 键删除选区内的内容，效果如图 12-17 所示。

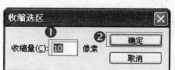

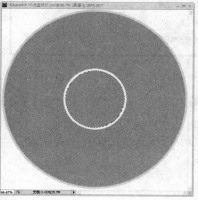

图 12-17　收缩选区

13 执行"变换选区"命令来缩小选区，新建图层 4，并为选区填充白色，效果如图 12-18
所示。

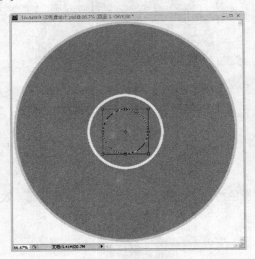

图 12-18　变换并填充选区

14 再次缩小选区，选择"编辑"→"描边"命令，为选区描一个灰色的边，具体设置如
图 12-19 所示。

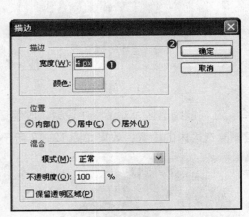

图 12-19　描边效果

15 选择"文件"→"打开"命令，打开"光盘\素材\ch12\线描.psd"文件，使用"移
动工具" 将其拖曳到 CD 光盘画面中，如图 12-20 所示。

16 按 Ctrl+T 组合键调整大小和位置，并调整图层顺序，效果如图 12-21 所示。

图 12-20　导入素材

图 12-21　调整素材

[17] 选择图层 5, 按住 Ctrl 键单击图层 2 前面的"图层缩览图"建立选区, 如图 12-22 所示。

[18] 按住 Ctrl + Shift + I 组合键执行"反选"命令, 对图像进行反选, 如图 12-23 所示。

图 12-22　建立选区

图 12-23　反选选区

[19] 选择图层 5, 按 Delete 键删除多余部分, 再按 Ctrl+D 组合键取消选区, 效果如图 12-24 所示。

[20] 新建图层 6, 选择"矩形工具" ▢, 在选项栏中单击"填充像素"按钮 ▢。如图 12-25 所示。在图像下方绘制一个矩形, 效果如图 12-26 所示。

图 12-24　删除多余图案

图 12-25　选择矩形工具

图 12-26　绘制矩形

21 选择"文字工具" T ，在"字符"面板中设置各项参数，颜色设置为（C：22，M：64，Y：100，K：8），然后在图像中输入 AUTUMNAL 和 FEELING AUTUMN′S LOVE，小字字号为 14 点，如图 12-27 所示。

22 设置前景色为（C：22，M：64，Y：100，K：8），选择"自定形状工具" ，在选项栏中单击"填充像素" 和"点按可打开'自定形状'拾色器"按钮，在下拉列表框中选择图案，如图 12-28 所示。

图 12-27 输入文字

图 12-28 设置自定形状工具

23 新建一个图层 7，在画布中用鼠标拖曳出形状，如图 12-29 所示。

图 12-29 添加自定形状图案

24 复制自定义图案，并按 Ctrl＋T 组合键调整位置，如图 12-30 所示。

25 按住 Ctrl 键在"图层"面板上同时选择图层 6、文字图层及 2 个形状图层，再按 Ctrl＋T 组合键调整位置，效果如图 12-31 所示。

图 12-30 复制自定形状图案

图 12-31 调整图形

26 使用和 17 18 相同的方法来除去图层 6 中多余的部分，效果如图 12-32 所示。

图 12-32 除去多余部分

27 选择"文件"→"打开"命令，打开"光盘\素材\ch12\线描 2.psd"文件，使用"移动工具" 将其拖曳到 CD 光盘画面中，如图 12-33 所示。

28 按住 Ctrl＋T 组合键调整大小和位置，并调整图层顺序，效果如图 12-34 所示。

图 12-33 导入素材

图 12-34 调整素材

29 继续导入素材 "小图标.psd" 文件，使用 "移动工具" ➤将其拖曳到 CD 光盘画面中，按住 Ctrl+T 组合键调整大小和位置，并调整图层顺序，效果如图 12-35 所示。

图 12-35 导入素材

30 完成上面的操作后，按 Ctrl+S 组合键保存。

12.3 | 手机界面的绘制

打开 "光盘\结果\ch12\手机界面效果图 1.psd" 和 "手机界面效果图 2.psd" 文件，可查看该界面的效果，如图 12-36 所示。

图 12-36 手机界面效果图

12.3.1 设计前期定位

手机是大众消费品，界面是手机的核心内容部分，界面是否美观、易于操作是直接关系到手机的销售量。好的界面设计定会带来好的收益。接下来就向读者介绍手机界面设计的具体事项。

1．设计定位

手机是一款属于大众化的、主要面向普通消费者的机器，其消费对象主要是普通大众阶级，销售场所主要为商场。

2．设计说明

采用通俗简洁的图标来直接展示手机的内容。在传递内容信息的同时，可以起到吸引消费者的目的。

3．设计重点

手机的界面设计主要包括图片、文字以及色彩的处理。在手机界面设计中主要有以下设计重点。

- 将图片摆放整齐，以便更好地体现图片的视觉冲击力。
- 对文字大小应有鲜明的对比，这是这类界面的主要特征，它符合了大众的视觉要求。

4．设计制作

本实例在制作上可以分为两个界面效果图的绘制，下面一起来完成此实例的绘制。

12.3.2 手机界面的绘制

打开"光盘\结果\ch12\手机界面效果图 1.psd"、"手机界面效果图 2.psd",可查看该界面的最终效果,如图 12-37 所示。

图 12-37 手机界面效果图

01 选择"文件"→"新建"命令,新建一个名称为"手机界面"、大小为 40mm×60mm、分辨率为 200 像素/英寸、颜色模式为 CMYK 的文件,如图 12-38 所示。

02 选择"文件"→"打开"命令,打开"光盘\素材\ch12\海洋.jpg"文件,使用"移动工具" 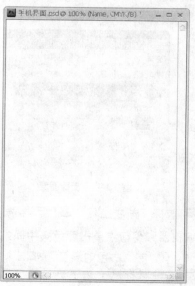将"海洋"拖曳到"手机界面"画面中,如图 12-39 所示。

03 按 Ctrl+T 组合键调整大小和位置,并调整图层顺序,效果如图 12-40 所示。

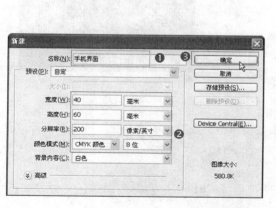

图 12-38 新建文件

图 12-39 导入素材

图 12-40 调整素材

04 在 "图层" 面板上新建图层 2，如图 12-41 所示。选择 "矩形选框工具" ⬚，在图像顶端绘制一个如图 12-42 所示的矩形。

图 12-41 新建图层

图 12-42 绘制矩形

05 选择 "渐变工具" ▨，并在选项栏中单击 "点按可编辑渐变" 按钮 ▰▱。在弹出的 "渐变编辑器" 窗口中单击颜色条中间端下方的色标按钮，添加从白色到蓝色（C：68，M：22，Y：0，K：0）再到白色的渐变，如图 12-43 所示。

06 按住鼠标从上到下进行拖曳填充，再按 Ctrl+D 组合键取消选区，效果如图 12-44 所示。

图 12-43　设置渐变色　　　　　　　　　　　　　　　　图 12-44　填充渐变色

07　新建图层 3，选择"矩形工具"□，在选项栏单击"填充像素"按钮□，如图 12-45 所示。在图像下方绘制一个矩形，如图 12-46 所示。

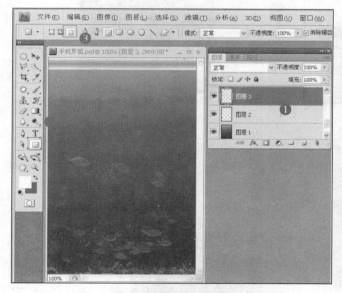

图 12-45　选择矩形工具　　　　　　　　　　　　　　　图 12-46　绘制矩形

08　选择"圆角矩形工具"□，在所绘矩形的左上角绘制一个圆角矩形，如图 12-47 所示。

09　按住 Ctrl 键的同时单击"图层 3"前的缩览图，将图形载入选区，如图 12-48 所示。

10　选择渐变填充工具□，为其填充添加从浅蓝色（C：26，M：16，Y：0，K：0）到蓝色（C：95，M：82，Y：4，K：0）的渐变，如图 12-49 所示。

11　按住鼠标从上到下进行拖曳填充，再按 Ctrl+D 组合键取消选区，效果如图 12-50 所示。

图 12-47　绘制圆角矩形

图 12-48　将图形载入选区

图 12-49　设置渐变色

图 12-50　填充渐变色

12　新建图层 4，选择"矩形选框工具" ，在矩形上绘制一个矩形选区。

13　选择"选择"→"修改"→"羽化"命令，羽化选区，设置羽化半径为 3 像素，如图
12-51 所示。

图 12-51　羽化选区

14 为其设置从浅蓝色（C：72，M：56，Y：0，K：0）到蓝色（C：90，M：78，Y：8，K：0）的渐变，如图 12-52 所示。

15 按住鼠标从下到上进行拖曳填充，再按 Ctrl+D 组合键取消选区，效果如图 12-53 所示。

图 12-52　设置渐变色

图 12-53　填充渐变色

16 重复绘制矩形选区的步骤，使用圆角矩形工具来绘制一个圆角矩形，并填充从浅蓝色（C：35，M：22，Y：0，K：0）到蓝色（C：90，M：78，Y：0，K：0）再到浅蓝色的渐变（C：35，M：22，Y：0，K：0），如图 12-54 所示。

17 按住鼠标从下到上进行拖曳填充，再按 Ctrl+D 组合键取消选区，效果如图 12-55 所示。

图 12-54　设置渐变色

图 12-55　填充渐变色

18 在"图层"面板上调整图层顺序，如图 12-56 所示。分别调整"图层 4"和"图层 5"
的"不透明度"为 73% 和 82%，效果如图 12-57 所示。

图 12-56 调整图层

图 12-57 调整不透明度

19 选择"文件"→"打开"命令，打开"光盘\素材\ch12\小图标 1.psd"文件，使用
"移动工具" 将其拖曳到"手机界面"画面中，按 Ctrl+T 组合键调整大小和位置，效果如图
12-58 所示。

20 使用"文字工具" 输入文字，并调整相应大小，颜色设置为白色，效果如图 12-59
所示。

图 12-58 导入素材

图 12-59 调整素材

21　用同样的方法绘制另外一个界面，效果如图 12-60 所示。

22　选择"文件"→"打开"命令，打开"光盘\素材\ch12\手机.psd"文件，如图 12-61 所示。

23　使用"移动工具"  将界面图拖曳进去，并调整大小和位置，效果如图 12-62 所示。

图 12-60　手机界面 2

图 12-61　素材图片

图 12-62　手机界面效果图

12.4 | 本章小结

设计界面时，要参照目标群体的心理进行视觉设计，包括色彩、字体、页面等。视觉设计要达到用户愉悦的目的，其原则如下。

(1) 界面清晰明了，并允许用户定制界面。

(2) 提供界面的快捷方式。

(3) 尽量使用真实世界的比喻，如电话、打印机的图标设计，尊重用户以往的使用经验。

(4) 完善视觉的清晰度。

(5) 界面的协调一致，如手机界面按钮的排放，左键肯定，右键否定，或按内容摆放。

(6) 同样功能用同样的图形。

(7) 色彩与内容。整体软件不超过 5 个色系，尽量少用红色、绿色；近似的颜色表示近似的意思。

Chapter

13

书籍装帧设计

本章知识点

- 封面设计
- 杂志和书籍的封面设计
- 《时尚茜茜》杂志封面设计
- 《西点诱惑》书籍封面设计

基本概念　（路径：光盘\MP3\什么是书籍装帧设计）

　　装帧设计是指对书籍整体效果的包装设计，它包括的内容很多，其中封面、扉页和插图设计是装帧设计的三大设计内容。

　　书籍的装帧是由许多平面组成的，因此，它是立体的，也是平面的。书籍外表由封面、封底和书脊 3 个面组成，这 3 个面也是书籍装帧设计中的重点。在进行装帧设计时，设计者主要根据不同的内容主题和体裁风格来进行创意思考。如图 13-1 所示是不同书籍内容的装帧设计。

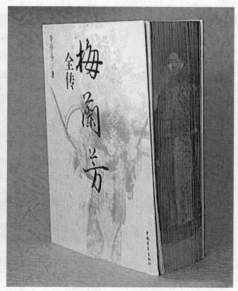

图 13-1　书籍的装帧设计

13.1 | 封面设计

　　封面设计是装帧设计中最重要的一个设计要素，它在整个装帧设计中起到门面装饰的作用。封面设计通过艺术表现的手法来反映书籍的内容，它包括文字、色彩和图像 3 方面的内容。在具体应用中，设计者应根据图书的内容主题、风格特色和读者对象来把握封面设计的风格和侧重点，从而表现出书籍的丰富内涵，在给读者传递书籍所要表达的某种信息的同时，为读者带来一定程度的艺术享受。如图 13-2 所示是不同书籍内容的封面设计。

图 13-2　风格各异的封面设计

在进行装帧设计时，如果不能很好地将文字、色彩和图像有机地结合，或者只是随意地将文字堆砌在画面上，再加上一些图像作为装饰，那就不能说是设计，这是任何一个软件操作者都能做到的事情。真正的装帧设计是在表达内容信息的同时加上艺术的加工，是信息与美感的统一。如图 13-3 所示是两种颇具装饰效果的书籍装帧设计。

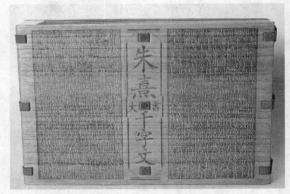

图 13-3　颇具装饰效果的书籍装帧设计

书名的设计表现是封面设计中的一个重点。在文字的字体设计上，应考虑书籍内容和读者对象，比如，儿童读物通常选用比较活泼的字体，政治性读物则采用很稳重的字体等。同样的道理，在色彩应用上也是如此。书籍不像一般的商品，它是一种文化产品，好的装帧设计不仅可以通过画面表达书籍信息，而且可以传达图书的主题思想。如图 13-4 所示是针对不同读者对象的书籍封面设计。

图 13-4 不同读者对象的书籍装帧设计

从书籍的销售情况来看，好的封面设计在带给读者书籍信息的同时，也发挥着很好的推销作用。人们在购买书籍之前，首先接触的便是书籍的封面。调查结果显示，读者对图书封面的印象和感觉在影响其购买行为的因素中位居前列。那么，怎样将图书的主题理念和文化特色恰当地在设计中表现出来，这是在进行装帧设计前的思考重点。

13.2 | 杂志和书籍的封面设计

在书籍的销售过程中，优秀的书籍封面可以起到很好的促销作用。在进行书籍的封面设计时，需要考虑以下几个方面的因素。

1. 封面的字体

在字体设计上，应根据书籍所包含的内容，采用适当的字体。比如：政治性读物可采用比较方正和严肃的字体；而娱乐性的期刊则采用个性、时尚或具代表性的字体，如图 13-5 所示。

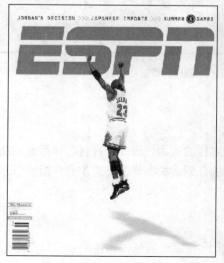

图 13-5 不同书籍封面中的字体选择

2．封面的图片

在图片选择上，应根据书籍内容的侧重点来定。

3．改进书籍的包装

可提高书籍的印刷质量或在书籍中附加有关内容的光盘，从而提高书籍的附加值，以吸引更多的读者。在杂志方面，如果是对形象策划比较老套的杂志，可尝试对杂志标识进行新设计，使其在原来的基础上更具时代性；同时，也可以适当调整杂志的价格，给读者带来更大的实惠，从而提高销售量。

13.3 │《时尚茜茜》杂志封面设计

打开"光盘\结果\ch13\时尚杂志设计.psd"和"立体效果.psd"文件，可查看该杂志封面设计的效果，如图 13-6 所示。

图 13-6　时尚杂志设计效果图

13.3.1　设计前期定位

在杂志类中，封底通常是用于企业做广告宣传的版面，因此，在《时尚茜茜》杂志封面设计中，只针对封面和书脊设计向读者做了具体的介绍。本小节首先向读者介绍该杂志封面设计的具体事项。

1．设计定位

《时尚茜茜》杂志属于大众化的、集生活资讯和娱乐信息为一体的社会性杂志，其消费对象主要为追求时尚潮流的年轻女性，销售场所以书摊、报亭为主。

2. 设计说明

女性类时尚杂志的封面通常都采用漂亮的女性照片来设计。例如，采用当期内容中所采访或介绍的一位女星作为封面人物，来发挥其明星效应，因为这类艺人本身就代表了时代的潮流，在她之后有很多的追随者，采用此种方式不仅可以突出杂志的时尚性，也可以增强这类追随者对此类杂志的购买欲望。时尚杂志的封面上通常会以比较醒目的字体来介绍当期的热点内容，在传递内容信息的同时，可以达到吸引读者的目的。

3. 材料工艺

此杂志封面使用 220g 铜版纸材料，采用四色平版印刷，并在封面上覆亮膜，以增强杂志封面的光感效果。

4. 设计重点

《时尚茜茜》杂志的封面设计主要包括图片、文字以及色彩的处理。在杂志封面设计中主要有以下设计重点。

- 对图片进行切割，使其更好地体现图片的视觉冲击力。
- 文字大小应有鲜明的对比，这是该类杂志的主要特征，它符合了年轻一族的视觉要求。

5. 设计制作

本实例在制作上同样分为封面平面图和杂志立体效果图的绘制，下面一起来完成此实例的制作。

13.3.2 封面图形的绘制

打开"光盘\结果\ch13\时尚杂志封面.psd"和"立体效果.psd"文件，可查看该杂志的最终效果，如图 13-7 所示。

图 13-7 杂志的封面图像效果

> **高手指点：** 时尚类杂志在开本的设计上通常采用大 16 开，其开本尺寸为 210mm×285mm，加上出血尺寸后，整个封面、封底、书脊尺寸为 432mm×291mm。这里只向读者介绍本杂志的封面和书脊设计，因此在绘图之前将文件尺寸确定为 219mm×291mm。

01 选择"文件"→"新建"命令，新建一个名称为"时尚杂志封面"、大小为 219mm×291mm、分辨率为 200 像素／英寸、颜色模式为 CMYK 的文件，如图 13-8 所示。

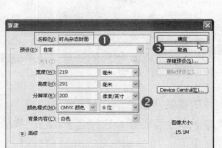
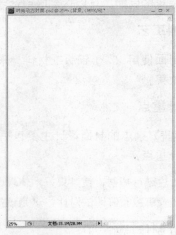

图 13-8　新建文件

02 选择"视图"→"新建参考线"命令，分别在水平 3mm、35mm、61mm、288mm 和垂直 3mm、216mm 位置新建参考线，如图 13-9 所示。

图 13-9　创建参考线

03 打开"光盘\素材\ch13\00.jpg"文件，使用"移动工具" 将其拖曳至封面文件中，文件将自动生成图层 1。

04 按 Ctrl+T 组合键执行"自由变换"命令，调整图像到适当的大小，如图 13-10 所示。

05 利用"矩形选框工具" 绘制一个选区，并按 Delete 键删除选区部分，修剪掉多余的部分，效果如图 13-11 所示。

图 13-10　调整素材　　　　　　　　　图 13-11　修剪素材

 选择"文字工具" ，分别在不同的图层中输入英文字母"XNXON"，再进行"字符"面板的设置，将字体颜色设置为红色（C：0，M：100，Y：100，K：0），效果如图 13-12所示。

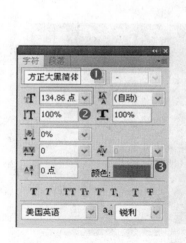

图 13-12　添加文字

07 将上述英文字母复制一个，按 Ctrl+T 组合键执行"自由变换"命令，调整文字到适当的大小，如图 13-13 所示。

图 13-13　复制文字

08　继续输入文字"时尚"，再进行"字符"面板的设置，并在属性栏中单击"更改文本方向" ^IT 按钮，将文字调整为竖排，效果如图 13-14 所示。

图 13-14　竖排文字

09　输入文字"茜茜"，再进行"字符"面板的设置，并在属性栏中单击"更改文本方向" ^IT 按钮，将文字调整为横排，效果如图 13-15 所示。

图 13-15　横排文字

10 继续在封面的右上角输入文字内容，再进行"字符"面板的设置，效果如图 13-16 所示。

图 13-16　文字效果

11 打开"光盘\素材\ch13\条形码.jpg"和"标志.psd"文件，使用"移动工具" 将其拖曳至封面文件中，再按 Ctrl+T 组合键执行"自由变换"命令，调整图像到适当的大小，效果如图 13-17 所示。

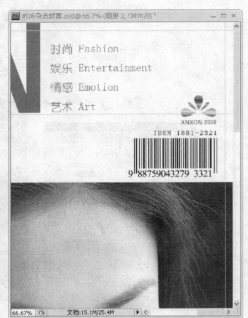

图 13-17　添加标志和条形码

12 打开 "光盘\素材\ch13\文本.psd" 文件，使用 "移动工具" 将其拖曳至封面文件中，效果如图 13-18 所示。

图 13-18　导入文本

13 按 Ctrl+H 组合键隐藏辅助线，在 "图层" 面板上新建一个图层，如图 13-19 所示。

14 选择 "矩形选框工具" 口，在红色英文下方绘制一个矩形，并填充相同的红色，效果如图 13-20 所示。

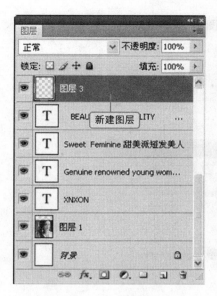

图 13-19 新建图层

图 13-20 绘制矩形

15 打开 "光盘\素材\ch13\副标.psd" 文件，使用 "移动工具" ![move] 将其拖曳至封面文件中，再按 Ctrl+T 组合键执行 "自由变换" 命令，调整图像到适当的大小，效果如图 13-21 所示。

图 13-21 添加副标志效果

16 完成上面的操作后，按 Ctrl+S 组合键，将绘制好的杂志封面文件保存。

13.3.3 绘制立体效果图

01 选择 "文件" → "新建" 命令，新建一个名称为 "书脊"、大小为 10mm×291mm、分辨率为 200 像素/英寸、模式为 CMYK 的文件，如图 13-22 所示。

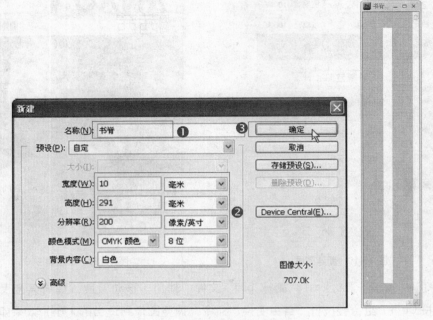

图 13-22　建立新的文件

02 打开"光盘\素材\ch13\文本 11.psd"文件，使用"移动工具" 将其拖曳至封面文件中，效果如图 13-23 所示。

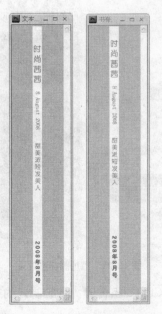

图 13-23　建立新的文件

03 打开前面绘制的正面平面展开图，选择"图像"→"复制"命令对图像进行复制，按 Shift+Ctrl+E 组合键合并复制图像中的可见图层，如图 13-24 所示。

图 13-24　合并可见图层

04　利用同样的方法编辑书脊部分。

05　选择"文件"→"新建"命令，新建一个名称为"立体效果"、大小为 150mm×150mm、分辨率为 200 像素/英寸、模式为 CMYK 的文件，如图 13-25 所示。

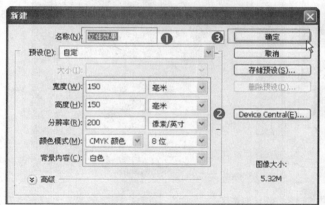

图 13-25　建立新的文件

06　单击工具箱中的"渐变工具" ，在选项栏中单击"点按可编辑渐变"按钮 。在弹出的"渐变编辑器"窗口中单击颜色条右端下方的色标按钮，添加从绿色（C：100，M：39，Y：100，K：31）到白色的渐变，如图 13-26 所示。

07　按住鼠标从右上角向左下角进行拖曳填充，如图 13-27 所示。

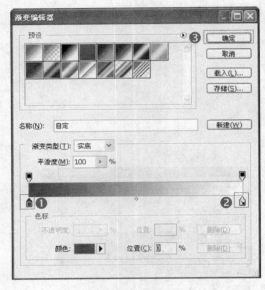

图 13-26　设置颜色

图 13-27　渐变填充

08　新建一个图层，选择"多边形套索工具" 🔲，绘制一个多边形选区，如图 13-28 所示。

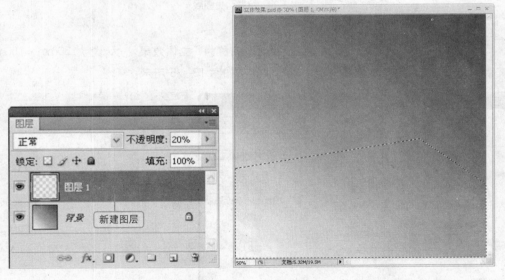

图 13-28　绘制选区

09　为选区填充一个黑色和白色之间的多层次渐变，并调整图层的不透明度为 20%，如图 13-29 所示。

10　将复制好的封面和书籍分别拖曳到立体效果中，如图 13-30 所示。

11　按 Ctrl+T 组合键执行"自由变换"命令，调整图像到适当的大小和透视效果，如图 13-31 所示。

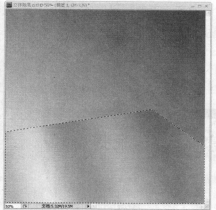

图 13-29　渐变填充

图 13-30　拖曳图形　　　　　　　　　　图 13-31　调整透视

12 新建一个图层，使用多边形套索工具在封面的顶端绘制一个多边形，并填充浅灰到中灰的线性渐变，来表现杂志的厚度，如图 13-32 所示。

图 13-32　绘制杂志厚度

[13] 合并封面、书脊和厚度图层，并多次复制该图层，制造倒影效果，按 Ctrl+T 组合键执行 "自由变换" 命令并调整透视效果，如图 13—33 所示。

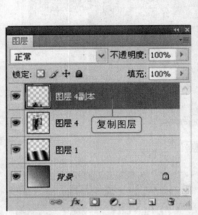

图 13-33　绘制倒影

[14] 在 "图层" 面板上设置复制图层的不透明度为 20%，效果如图 13—34 所示。

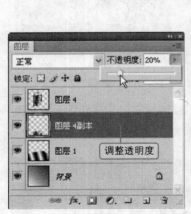

图 13-34　设置不透明度

[15] 完成上面的操作后，按 Ctrl+S 组合键将绘制好的立体效果文件保存。

13.4 │《西点诱惑》书籍封面设计

打开 "光盘\结果\ch13\西点诱惑封面.psd" 和 "西点诱惑立体效果.psd" 文件，可查看该产品设计的效果，如图 13—35 所示。

图13-35 《西点诱惑》设计效果图

13.4.1 设计前期定位

1. 设计定位

书籍《西点诱惑》在内容体系上属于生活类书籍，它主要讲的是制作美食，所以，此类书籍以成年人和女性读者居多。

2. 设计说明

书籍《西点诱惑》在整体风格创意上以表现书籍的内容为主，使读者从封面设计上即可感受到整个书籍的主题，从而吸引读者去阅读里面的内容。此封面设计在整本书籍中起到指引图书内容的作用。

书名直接采用"幼圆"字体，纤细时尚，简单明了，切合书籍的主题。书籍的整体色调采用鲜艳明亮的色彩，增加食物的美感和诱惑力，既突出了内容上的主题，又渲染了气氛。

3. 材料工艺

封面使用 220g 铜版纸材料，采用四色平版印刷，并在封面上覆亮膜，以增强封面的光感效果。内页采用 125g 铜版纸材料，同样的四色印刷，以更好地体现食物的效果。

4. 设计重点

在进行书籍装帧设计时，最重要的是对书籍的定位，这就需要对书籍内容有一定的了解，这样才能设计出恰到好处的封面来。本节所讲述的《西点诱惑》封面设计在制作上有以下重点。

- 在开始设计之前，应准确计算出书籍装帧的具体尺寸，这是一个作品是否被使用的关键。
- 在设计过程中，掌握对图像以及图像色彩的处理。

读者在前几章的学习中已经学过了制作本实例所需的技巧，从这点可以说明，在进行任何方面的设计，包括包装设计、广告设计以及造型设计时，软件只是作为一项辅助工具被应用。懂得了软件，并不等于就懂得了设计。设计是人们将思维与艺术相碰撞后形成创意，再将好的创意通过辅助工具的使用将它表现出来，从而形成商业化的东西。读者在平时的工作和学习中应多吸收好的设计理念，不断地积累，充实自身的艺术内涵，拓宽自身的思维模式，从而设计出好的作品来。

13.4.2　封面图形的绘制

01 选择"文件"→"新建"命令，新建一个名称为"西点诱惑封面"、大小为 496mm×246mm、分辨率为 200 像素/英寸、颜色模式为 CMYK 的文件，如图 13-36 所示。

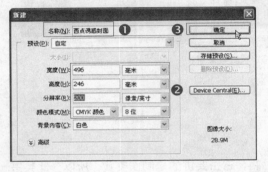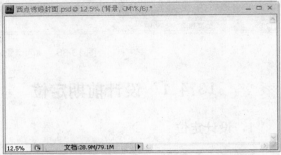

图 13-36　新建文件

02 在新建文件中选择"视图"→"新建参考线"命令，分别在水平 3mm、243mm 和垂直 3mm、493mm 的位置新建出血线，如图 13-37 所示。

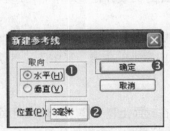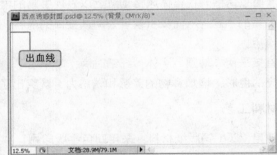

图 13-37　创建出血线

03 同理，在垂直方向 73mm、243mm、253mm 和 423mm 的位置绘制书籍封面、书脊和前后勒口的位置及大小，如图 13-38 所示。

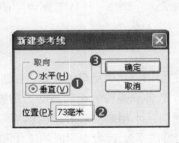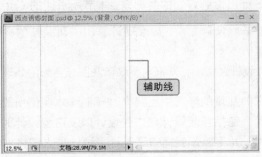

图 13-38　创建辅助线

04 打开"光盘\素材\ch13\蛋糕.jpg"文件,如图 13-39 所示,使用"移动工具" 将其拖曳至封面文件中,文件将自动生成图层 1。

05 按 Ctrl+T 组合键执行"自由变换"命令,调整图形到适当的大小和位置,效果如图 13-40 所示。

图 13-39 素材图片

图 13-40 调整素材图片

06 同理,将素材图片"花边"拖曳到封面图像中,并调整位置和大小,效果如图 13-41 所示。

图 13-41 添加素材图片

07 选择"文字工具" ,输入文字"西点诱惑",再进行"字符"面板的设置,将字体颜色设置为红色(C:0,M:100,Y:100,K:0),如图 13-42 所示,效果如图 13-43 所示。

图 13-42　设置"字符"面板

图 13-43　文字效果

08 输入英文文字，并在"字符"面板进行相关设置，将字体颜色设置为红色（C：0，M：100，Y：100，K：0），如图 13—44 所示。

图 13-44　添加英文文字

09 输入作者等信息，并在"字符"面板进行相关设置，将字体颜色设置为红色（C：0，M：100，Y：100，K：0），如图 13—45 所示。

10 设置前景色为红色（C：0，M：100，Y：100，K：0），选择"自定形状工具"，在选项栏中单击"填充像素"和"点按可打开'自定形状'拾色器"按钮，在下拉列表框中选择 shape3 图案，如图 13—46 所示。

11 新建一个图层，用鼠标在画布中拖曳出 shape3 形状，如图 13—47 所示。

图 13-45 添加作者信息

图 13-46 设置自定形状工具

图 13-47 添加自定形状图案

12 按住 Alt 键将 shape3 复制多个并排成一行，效果如图 13-48 所示。

13 按住 Ctrl 键，在"图层"面板上选择所有形状图层，如图 13-49 所示。

14 按 Ctrl+T 组合键执行"自由变换"命令，调整图案到适当的大小，效果如图 13-50 所示。

15 按 Ctrl+E 键合并所有形状图层，如图 13-51 所示。

16 复制名称和作者等文字图层，并在选项栏单击"更改文本方向"按钮，将文字竖排，如图 13-52 所示。

17 分别按 Ctrl+T 组合键执行"自由变换"命令，调整文字到适当的大小和位置，效果如图 13-53 所示。

图 13-48　复制自定形状

图 13-49　选择形状图层

图 13-50　调整图案大小

图 13-51　合并形状图层

图 13-52　复制并调整文字

图 13-53　调整文字

18 新建图层，选择"矩形选框工具" ⬚，在封底绘制一个矩形选区，如图 13-54 所示。

19 设置前景色为绛红色（C：15，M：90，Y：82，K：4），并按 Alt+Delete 组合键填充选区，然后按 Ctrl+D 组合键取消选区，效果如图 13-55 所示。

图 13-54 绘制矩形选区

图 13-55 填充选区

20 打开"光盘\素材\ch13\图 11.jpg"～"图 66.jpg"文件，使用"移动工具" ▶⁺将其拖曳至封面文件中，如图 13-56 所示。

21 按 Ctrl+T 组合键执行"自由变换"命令，调整图案到适当的大小，效果如图 13-57 所示。

图 13-56 导入素材

图 13-57 调整素材

22 打开"光盘\素材\ch13\文本 22.psd"和"条形码.jpg"文件，使用"移动工具" ⊕ 将
其拖曳至封面文件中，如图 13-58 所示。

23 按 Ctrl+T 组合键执行"自由变换"命令，调整图案到适当的大小，效果如图 13-59
所示。

图 13-58　导入素材　　　　　　　　　　　　图 13-59　调整素材

24 选择"文字工具" T.，在条形码下方输入出版号及价格等信息，再进行"字符"面板
的设置，将字体颜色设置为白色，效果如图 13-60 所示。

图 13-60　添加文字

25 新建图层，选择"矩形选框工具" ⬚ ，在后勒口绘制一个矩形选区，如图 13-61 所示。

26 设置前景色为绛红色（C：15，M：90，Y：82，K：4），并按 Alt+Delete 组合键填充选区，按 Ctrl+D 组合键取消选区，效果如图 13-62 所示。

27 打开"光盘\素材\ch13\花边 11.psd"文件，使用"移动工具" ⊕ 将其拖曳至封面文件中，如图 13-63 所示。

28 按 Ctrl+T 组合键执行"自由变换"命令，调整图案到适当的大小，效果如图 13-64 所示。

图 13-61 绘制矩形选区

图 13-62 填充选区

图 13-63 导入素材

图 13-64 调整素材

29 同理，绘制前勒口并填充选区，如图 13-65 所示。

30 打开"光盘\素材\ch13\作者.psd"文件，使用"移动工具"将其拖曳至封面文件中并调整位置，如图 13-66 所示。

图 13-65　绘制前勒口　　　　　　　　　　　　图 13-66　调整素材

31 完成上面的操作后，按 Ctrl+S 组合键，将绘制好的封面文件保存，最后效果如图 13-67 所示。

图 13-67　封面效果

13.4.3　绘制立体效果图

01 选择"文件"→"新建"命令，新建一个名称为"西点诱惑立体效果"、大小为 150mm×150mm、分辨率为 200 像素/英寸、模式为 CMYK 的文件，如图 13-68 所示。

02 单击工具箱中的"渐变工具"，在选项栏中单击"点按可编辑渐变"按钮，在弹出的"渐变编辑器"窗口中单击颜色条右端下方的色标按钮，添加从紫色（C：65，M：99，Y：24，K：12）到白色的渐变，如图 13-69 所示。

03 按住鼠标从右上角向左下角进行拖曳填充，效果如图 13-70 所示。

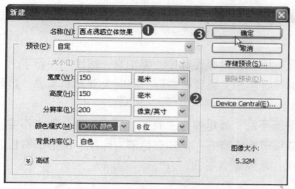

图 13-68 建立新的文件

图 13-69 设置颜色

图 13-70 渐变填充

04 下面的绘制步骤和杂志的立体效果制作步骤一样，在此就不再重复了，最终的立体效果如图 13-71 所示。

图 13-71 立体效果

13.5 | 本章小结

　　书籍不是一般商品，而是一种文化，因而在封面设计中，哪怕是一根线、一行字、一个抽象符号、一两块色彩，都要具有一定的设计思想。既要有内容，同时又要具有美感，达到雅俗共赏。

　　要在封面设计的内容安排上做到繁而不乱，就是要有主有次，层次分明，简而不空，意味着简单的图形中要有内容，并增加一些细节来丰富它，例如在色彩、印刷、图形的有机装饰设计上多做些文章，使人看后有一种气氛、意境或者格调。

Chapter 14

箱包设计

本章知识点

- 箱包设计的方法
- 晚装配包设计

本章将介绍箱包设计的相关知识，并通过一个晚装配包的实例来深入学习如何使用 Photoshop CS4 软件来制作箱包设计。

14.1 │ 箱包设计的方法

箱包的设计是有一定章法可循的。在箱包设计中，设计方法对于箱包的设计起着至关重要的作用。

主题的确立是设计作品成功与否的最重要因素之一。它的艺术性、审美性以及实用性都要通过主题的确立而充分体现出来，而主题的确立又能够反映出时代的气息、社会的风尚、流行的风潮以及设计师的艺术倾向。

遵循合理的箱包设计的构成规律是设计作品成功与否的又一重要因素。遵循和谐的设计规律是构成中最为完美的表现形式。和谐包含了"多样性"与"统一性"两个对立因素，多样性指的是造型、材料、面积、色彩等方面都可有不同程度的差异；统一性指的是造型、色彩间彼此互成比例，各种形象、色彩、用料等方面在多样性中有了统一性，趋向一个基调，取得协调统一。

下面对箱包的设计方法进行介绍。

1. 复古设计法

手袋设计的复古法是指箱包的设计风格采取复古风格，在材料的处理上运用一些复古材料，如丝绸、松紧布等，如图 14-1 所示；在工艺的运用上采用传统古典式工艺，如线缝工艺等，或者运用一些能体现古典风格的图案进行装饰，如图 14-2 所示。

图 14-1　复古设计（1）

图 14-2　复古设计（2）

2．仿生设计法

仿生设计法是指设计师通过感受大自然中的动物、植物的优美形态，运用概括和典型化的手法，对这些形态进行升华和艺术性加工，结合箱包的结构特点进行创造性的设计，使得设计作品既有生动的装饰美观造型，又有箱包的实用特性，如图 14-3 所示。

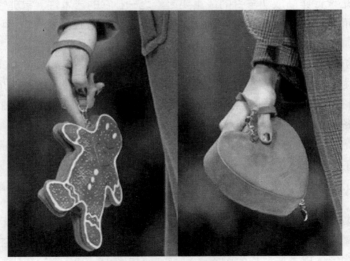

图 14-3　仿生设计法

3．系列设计法

系列设计法是指设计师对箱包的某种或某些设计要素进行系列变形，拓展设计要素的表现形式，从而产生同一主题的多种款式的设计手法。系列设计法在箱包设计中的应用规律主要有以下两点：形体系列化和色彩系列化。形体系列化是通过变化形体大小和以不同的款式、相同或类似的形体实现的，而色彩系列化指箱包的形体样式、设计主题保持不变，通过改变箱包色彩搭配关系、装饰来实现箱包的系列设计。总之，在设计方法之中要遵循"个性之中包含共性、变化之中包含统一、对比之中把握协调"的思想，如图 14-4、图 14-5 所示。

图 14-4　系列设计法（1）　　　　　　　图 14-5　系列设计法（2）

4．反向设计法

顾名思义，反向设计法是把箱包原来的形态、性状放在相反的位置上思考，通俗地讲就是换个角度想问题。反向设计法的意义不仅在于改变箱包造型，还在于箱包新形式的开端。反向设计的应用规律主要有 3 种。

（1）对手袋造型位置的反向：包括前与后的反向、上与下的反向、左与右的反向以及正与斜的反向等。

（2）对手袋用途的反向：比如，将夏季款式变成冬季款式，或将男士包袋的特性运用到女士包袋中去，出现女包男性化的倾向等。

（3）对手袋面料和工艺的反向：原料的厚与薄、光与糙、软与硬等性状都可以成为原料反向的内容，这为设计师在原料的选择上带来一个崭新的视角。将工艺进行反向处理，往往会得到意想不到的效果。工艺的反向包括工艺的简与繁的反向、隐藏与外露的反向等，比如将工艺的隐藏与外露进行反向，前者体现含蓄、雅致，后者体现大方、休闲，如图 14-6 所示。

图 14-6　反向设计法

5. 联想设计法

联想设计法是指以某一意念展开联想，通过数次思维运作，最后定位于另一个意念的设计方法。设计师把一些事物与箱包造型设计联系起来，由于两者之间存在某种关联性而思考出箱包造型来，把某一事物表达的某种意义或思想内涵赋予到箱包造型设计中，从而确定出新的造型设计。这种设计主题的确定实质上是事物主题之间的相互转换，如图 14-7 所示的新娘手袋就是由婚纱联想而来的。

图 14-7　联想设计法

6. 夸张设计法

夸张设计法是把箱包原来的造型进行极度夸张，从中确定最佳方案。当设计师在设计箱包时，不妨把一个简单的箱包造型进行夸张想象，这种夸张既可以是夸大的，也可以是缩小的，应允许想象力把原来造型夸张到极点，然后根据设计要求进行修改。值得一提的是，夸张法并不改变原来箱包部件的数量，而是对其整体规格或部件规格等因素进行改变。如图 14-8 所示的箱包夸张了各个面的结构，从而达到了很新颖的视觉效果。

图 14-8　夸张设计法

7. 加减设计法

加减设计法是对手袋上必要或不必要的部分进行增加或删减，使其复杂化或简单化。当设计师在设计箱包时，不必患得患失地在一开始就考虑它的最终造型，可以随心所欲地把注意力集中到如何创造新款式上去，否则会因考虑过多而难以下笔。初稿设计完成以后，可以审查一下自己的设计是否与原来的想法相符，如果尚未达到理想效果，不妨用加减法进行调整，对其局部的零部件或细小部件进行必要的调整，从而完善整个设计。图 14-9 即为加法设计法，加入了铆钉和金属扣进行装饰，产生很有现代感的色彩和形式；图 14-10 即为减法设计法得出的箱包。

图 14-9 加法设计法 　　　　　　图 14-10 减法设计法

除此之外，扎实的美术基础是箱包设计师的必备条件，是完成设计构思、变成直观具体的形象所要具备的必要能力。利用计算机进行辅助设计也离不开美术基础，因为美术基础还包括审美能力、配色能力、选择材料与组织搭配能力。设计师有好的设计构思和想法是最重要的，计算机是其实现内容的表现手段。有了很好的绘画基础，才能把箱包完美地表现出来。

14.2 | 晚装配包设计

高贵时尚的晚装配上一款华丽的晚装包，势必会引起宴会上人们的关注。在众多的手袋设计中，晚装的配包是以奢华、时尚和典雅著称的。在设计的时候，一定要考虑到采用的面料和配件的选择，如图 14-11 所示。下面就利用 Photoshop 来设计一种缎面材质的晚装配包。

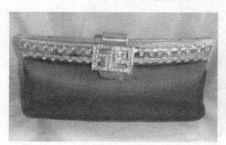

图 14-11 晚装配包

14.2.1　设计前期定位

打开"光盘\结果\ch14\古典美包.psd"文件，可查看该产品的正面效果，如图 14-12 所示。

图 14-12　"古典美包"效果图

1．设计定位

晚装配包是一个特定范围内的商品，所以"古典美包"的设计定位以成年人、经济能力较强的人为消费群体，其销售市场为专卖点和时尚精品店。

2．设计说明

"古典美包"在设计风格上运用质地富贵的缎面布料和贵金属相结合的手法，突出了奢华的主题；在色彩运用上以厚重的深红色为底，展现了奢华的底蕴；在花朵的选择上采用象征富贵的牡丹，整体上凸现尊贵、典雅。相信在同类商品中，材质的效果是非常有吸引力的一种。

3．设计重点

此包装的设计过程运用到 Photoshop 软件中的画笔工具、减淡工具和渐变填充，图层的复制和翻转等命令。综合起来，该实例中有以下 3 个制作重点。

● 使用渐变填充和烙黄滤镜来制作金属边框。
● 对图层进行复制并水平翻转，制作出对称的倒影效果。
● 使用画笔工具绘制出立体包包上的明暗效果。

通过对本实例的学习，读者将学习如何运用 Photoshop 软件来完成此类包装设计及立体效果图的绘制方法。

4．设计制作

在本节所讲述的"古典美包"晚装配包设计过程中，首先应清楚该包包的大小、所采用的材质等，设计出包装袋的正反面平面展开图，然后再通过后期处理，绘制出该产品包装的立体效果图。下面将向读者详细介绍此包的绘制过程。

14.2.2   绘制主体部分

01   选择"文件"→"打开"命令，打开"光盘\素材\ch14\古典包.jpg"和"布纹.jpg"文件，如图 14—13 和图 14—14 所示。

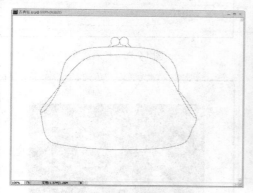

图 14-13   素材文件（1）   图 14-14   素材文件（2）

02   选择"移动工具" 图 ，将布纹拖曳到包包中，并调整好位置，如图 14—15 所示。

03   单击"图层1"前面的"指示图层可见性"按钮，隐藏图层1，如图 14—16 所示。

图 14-15   拖曳图片

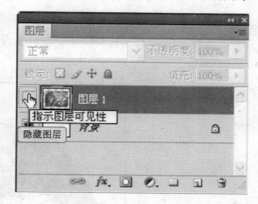

图 14-16   隐藏图层

04   选择"背景"图层，再利用"快速选取工具" 图 来选取包包的中心部位，如图 14—17 所示。

05   选择"选择"→"修改"→"扩展"命令，在打开的"扩展选区"对话框中，设置"扩张量"为 2 像素，效果如图 14—18 所示。

06   在"图层"面板上单击"图层1"前面的"指示图层可见性"按钮，显示"图层1"，如图 14—19 所示。

07   选择"选择"→"反向"命令，反选选区，如图 14—20 所示。

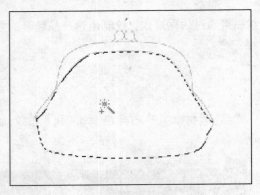

图 14-17　创建选区

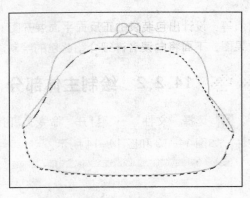

图 14-18　扩展选区

图 14-19　显示图层

图 14-20　反选选区

08 选择"图层 1"，按 Delete 键删除多余部分，然后按 Ctrl＋D 组合键取消选区，效果如图 14-21 所示。

图 14-21　添加材质效果

14.2.3　绘制金属边框

01 选择"背景"图层，再选择"快速选取工具" 来选取包包的边框部位，如图 14-22

所示。

02 选择"选择"→"修改"→"扩展"命令，在打开的"扩展选区"对话框中设置"扩张量"为1像素，效果如图14-23所示。

图14-22 创建选区

图14-23 扩展选区

03 选择"选择"→"修改"→"羽化"命令，在打开的"羽化选区"对话框中，设置"羽化半径"为2像素。

04 新建"图层2"，选择"渐变填充工具" ，在选项栏中单击"点按可打开编辑器"按钮，打开"渐变编辑器"窗口，在"预设"中选择"铜色"渐变，如图14-24所示。

05 在选项栏中单击"线性渐变"按钮，然后在边框上从左至右进行拖曳，效果如图14-25所示。

图14-24 设置渐变填充

图14-25 填充渐变色

06 选择"滤镜"→"素描"→"烙黄"命令，在弹出的对话框中进行如图14-26所示的设置，得到具有金属光泽的图像效果。

07 选择"滤镜"→"模糊"→"高斯模糊"命令，在弹出的对话框中设置半径为1.5，使金属光泽不僵硬，如图14-27所示。

08 按Ctrl+D组合键取消选区，效果如图14-28所示。

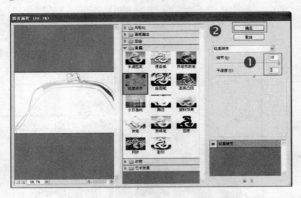 

图 14-26 "烙黄"滤镜设置

图 14-27 "高斯模糊"滤镜设置 图 14-28 平面效果

14.2.4 绘制褶皱

01 选择"图层1"，再选择"滤镜"→"渲染"→"光照效果"命令，打开"光照效果"
对话框，进行如图 14-29 所示的设置。

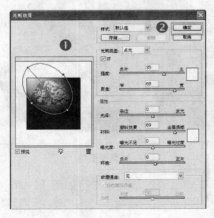 

图 14-29 添加"光照效果"

02 设置前景色为黑色，选择"画笔工具" ☑，在选项栏中设置"不透明度"为 25%，在
"图层1"上按照布料受挤压形成的褶皱方向进行涂抹，添加暗部色调，如图 14-30 所示。

03 选择"减淡工具" ，在选项栏中设置"曝光度"为10%，在布料的亮部反复涂抹，添加亮色效果，如图14-31所示。

图 14-30　添加暗部

图 14-31　增加亮部

04 选择"模糊工具" ，在暗部进行涂抹，以虚化暗部轮廓，如图14-32所示。

图 14-32　绘制细节

14.2.5　绘制倒影效果

01 选择"背景"图层，再选择渐变填充工具，为其填充一个紫色（C：43，M：98，Y：57，K：54）到粉紫色（C：3，M：22，Y：0，K：0）的渐变色，如图14-33所示。

02 按Ctrl键，在"图层"面板上选择"图层1"和"图层2"，再按Ctrl＋E组合键合并图层，如图14-34所示。

03 在"图层"面板中将"图层1"复制一个，自动生成"图层1副本"，如图14-35所示。

04 按Ctrl＋T组合键执行"自由变换"命令，在界定框中右击，在弹出的快捷菜单中选择"垂直翻转"命令，调整图形的位置，如图14-36所示。

图 14-33　填充背景

图 14-34　合并图层

图 14-35　复制图层

图 14-36　调整位置

05　调整图层位置，并设置其不透明度为 40%，如图 14-37 所示，最终效果如图 14-38
所示。

图 14-37 设置不透明度

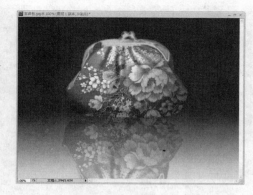

图 14-38 完成绘制

06 完成所有操作后，对图像进行保存。

14.3 | 本章小结

　　本章介绍了箱包的设计方法等相关专业知识，并通过自由变换命令调整出包包的外形，通过滤镜以及画笔工具制作包包的光泽和质感，从而制作了一款晚装配包。在设计时一定要注意缎面质地和金属质地的体现，特别是"烙黄"滤镜的使用，需进行多次尝试方可得到满意的金属效果。通过对本章内容的学习，相信读者可以逐渐走上箱包设计师之路。

15

广告设计

本章知识点

- 广告设计术语
- 招贴设计

广告设计是以加强销售为目的所做的设计，也就是奠基在广告学与设计上面，来替产品、品牌、活动等做广告。

广告的作用有以下几个方面。

1. 扩大知名度。
2. 创立名牌。
3. 推销新产品。
4. 扩大销售。
5. 传递信息。
6. 舆论宣传。

15.1 | 广告设计术语

广告设计术语是人们在日常工作中经常遇到的一些名词。掌握这些术语有助于同行之间的交流与沟通，规范行业的流程。

1. 设计

设计（design）指美术指导和平面设计师如何选择和配置一条广告的美术元素。设计师选择特定的美术元素，并以其独特的方式对它们加以组合，以此定下设计的风格——即某个想法或形象的表现方式。在美术指导员的指导下，几位美工制作出广告概念的初步构图，然后再与文案配合，拿出自己的平面设计专长（包括摄影、排版和绘图），创作出最有效的广告或手册。

2. 布局图

基本概念 （路径：光盘\MP3**什么是布局图**）

布局图（layout）指一条广告所有组成部分的整体安排：图像、标题、副标题、正文、口号、印签、标志和签名等。布局图有以下几个作用。（1）布局图有助于广告公司和客户预先制作并测评广告的最终形象和感觉，为客户（他们通常都不是艺术家）提供修正、更改、评判和认可的有形依据。(2) 布局图有助于创意小组设计广告的心理成分——即非文字和符号元素。精明的广告主不仅希望广告给自己带来客源，还希望（如果可能的话）广告为自己的产品树立某种个性——形象，在消费者心目中建立品牌（或企业）资产。要做到这一点，广告的"模样"必须明确表现出某种形象或氛围，反映或加强产品的优点。因此在设计广告布局初稿时，创意小组必须对产品或企业的预期形象有很强的意识。(3) 挑选出最佳设计之后，布局图便发挥蓝图的作用，显示各个广告元素所占的比例和位置。一旦制作部了解了某条广告的大小、图片数量、排字量以及颜色和插图等这些美术元素的运用，他们便可以判断出制作该广告的成本。

3. 小样

小样（thumbnail）是美工用来具体表现布局方式的大致效果图。小样通常很小（大约为 3 英寸×4 英寸），省略了细节，比较粗糙，是最基本的东西。直线或水波纹表示正文的位置，方框表示图形的位置。确定小样后，再对小样做进一步的发展。

4. 大样

在大样中，美工画出实际大小的广告，提出候选标题和副标题的最终字样，安排插图和照片，用横线表示正文。广告公司可以向客户（尤其是在乎成本的客户）提交大样，以征得他们的认可。

5. 末稿

到了末稿（comprehensive layout/comp）这一步，制作已经非常精细，几乎和成品一样。末稿一般都很详尽，有彩色照片、确定好的字体风格、大小和配合用的小图像，再加上一张光喷纸封套。现在，末稿的文案排版以及图像元素的搭配等都是由电脑来执行的，打印出来的广告如同四色清样一般。到了这一阶段，所有的图像元素都应当最后落实。

6. 样本

样本应体现手册、多页材料或售点陈列被拿在手上的样子和感觉。美工借助彩色记号笔和电脑清样，用手把样本放在硬纸上，然后按照尺寸进行剪裁和折叠。例如，手册的样本是逐页装订起来的，看起来和真的成品一模一样。

7. 版面组合

交给印刷厂复制的末稿，必须把字样和图形都放在准确的位置上。现在，大部分设计人员都采用电脑来完成这一部分工作，完全不需要拼版这道工序。但有些广告主仍保留着传统的版面组合方式，在一张空白版（又叫拼版，pasteup）上按照各自应处的位置标出黑色字体和美术元素，再用一张透明纸覆盖在上面，标出颜色的色调和位置。由于印刷厂在着手复制之前要用一部大型制版照相机对拼版进行照相，设定广告的基本色调、复制件和胶片，因此印刷厂常把拼版称为照相制版。

设计过程中的任何环节，直至油墨落到纸上之前，都有可能对广告的美术元素进行更改。当然，这样一来，费用也会随着环节的进展而成倍地增长，越往后更改的代价就越高，甚至可能高达 10 倍。

8. 认可

文案人员和美术指导的作品始终面临着"认可"这个问题。广告公司越大，客户越大，这道手续就越复杂。一个新的广告概念首先要经过广告公司创意总监的认可，然后交由客户部审核，再交由客户方的产品经理和营销人员审核，他们往往会改动一两个字，有时甚至推翻整个表现方式。双方的法律部可再对文案和美术元素进行严格的审查，以免发生问题，最后，企业的高层主管对选定的概念和正文进行审核。

在"认可"中面对的最大困难是：如何避免让决策人打破广告原有的风格。创意小组花费了大量的心血才找到有亲和力的广告风格，但一群不是文案、不是美工的人却有权全盘改动它。保持艺术上的纯洁相当困难，需要耐心、灵活、成熟以及明确有力地表达重要观点，解释美工选择的理由。

15.2 | 招贴设计

本实例要求制作一个食品招贴，整体要求色彩清新亮丽、图片清晰，完成后的效果如图15-1 所示。

图 15-1　招贴设计效果图

15.2.1　设计前期定位

1. 设计定位

"贝贝美味"属于大众美食，以上班族喜爱居多，所以"贝贝美味"食品的设计定位应以广大白领为大众消费群体，也适合不同层次的消费群体，地址一般在写字楼或商场的周边地带。

2. 设计说明

"贝贝美味"招贴设计风格上运用诱人的真实食品照片、鲜艳的颜色及醒目的字体相结合手法，既突出主题，又表现出其品牌固有的文化理念；在色彩运用上以真实的海滩图片为主，突出该产品"夏季"的特点，字体上运用蓝色到白色的渐变，更充分呼应了海滩的感觉和夏天的阳光。

在整个设计中，充分考虑到文字、色彩与图形的完美结合，相信在同类食品招贴中，浓烈的季节性色彩效果是非常有吸引力的一种。

3. 材料工艺

此包装材料采用 175g 铜版纸不干胶印刷，方便即时粘贴。

4. 设计重点

在进行此招贴的设计过程中，运用到 Photoshop 软件中的渐变填充和添加图层蒙版及描边等命令。综合起来，该实例中有以下 3 个制作重点。

- 使用渐变填充来制作主题文字。
- 使用添加图层蒙版来融合图片效果。
- 使用描边命令来绘制加强突出主题的效果。

通过对本实例的学习，读者将学学如何运用 Photoshop 软件来完成此类招贴设计的绘制方法。

5. 设计制作

在本节所讲述的"贝贝美味"招贴的设计过程中，首先应清楚该招贴所表达的意图，认真地构思定位，然后再仔细绘制出效果图。下面将向读者详细介绍此招贴效果的绘制过程。

15.2.2   绘制招贴

01 选择"文件"→"新建"命令，新建一个宽度为 21 厘米、高度为 29.7 厘米、分辨率为 200 像素/英寸、颜色模式为 CMYK 的文件，如图 15-2 所示。

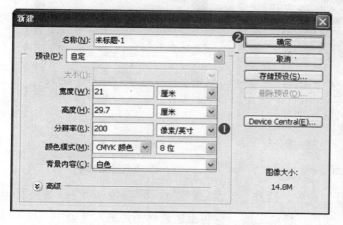 

图 15-2   新建文件

02 选择〝文件〞→〝打开〞命令，打开〝光盘\素材\ch15\沙滩.jpg〞、〝椰树.jpg〞素材图片。使用〝选择工具〞 将其拖曳到画面中，并使用自由变换命令来调整其大小和位置，如图 15-3 所示。

03 同理，调整好椰树图片的的大小和位置，如图 15-4 所示。

图 15-3　调整素材（1）

图 15-4　调整素材（2）

04 在〝图层〞面板上为〝椰树〞添加一个矢量蒙版，如图 15-5 所示。

05 设置前景色为黑色，然后在工具箱中选择〝画笔工具〞 ，在别墅图片边缘涂抹使之虚化，这样别墅图片就和全景图片融合在一起了，效果如图 15-6 所示。

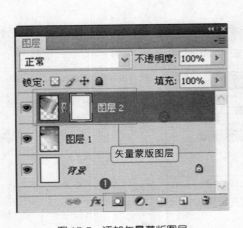

图 15-5　添加矢量蒙版图层

图 15-6　融合图片

06 选择〝文件〞→〝打开〞命令，打开〝光盘\素材\ch26\沙拉.psd〞、〝番茄面.psd〞和〝冰淇淋 2.psd〞素材图片，使用〝移动工具〞 将上述素材图片拖入背景中，如图 15-7 所示。

07 按 Ctrl+T 组合键执行"自由变换"命令，并将其调整到合适的位置，效果如图 15-8 所示。

图 15-7 导入素材   图 15-8 调整素材

08 选择"文字工具" T ，输入文字信息。在"字符"面板中设置"夏"字号为 100，"季新品"字号为 60，字体均为方正大黑简体，字体颜色为黑色，效果如图 15-9 所示。

09 在文字图层的蓝色区域上右击，在弹出的快捷菜单中选择"栅格化文字"命令，将文字栅格化，如图 15-10 所示。

 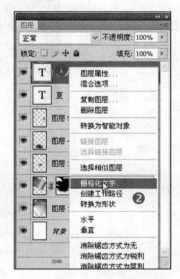

图 15-9 调整文字   图 15-10 栅格化文字

10 在"图层"面板下单击"添加图层样式"按钮 fx. ，在下拉菜单中选择"描边"命令，如图 15-11 所示，为文字描白色的边。

11 设置"描边"命令的图层样式如图 15-12 所示。

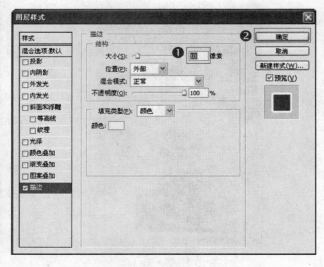

图 15-11　添加图层样式　　　　　　　图 15-12　设置图层样式

12 单击"确定"按钮，描边后的效果如图 15-13 所示。

图 15-13　描边效果

13 同理，为"季新品"绘制描边效果，描边大小为 8 像素，效果如图 15-14 所示。

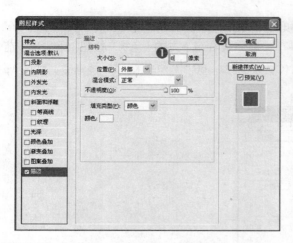

图 15-14　描边效果

14 按住 Ctrl 键在〝夏〞图层的图层缩览图上单击建立选区，如图 15-15 所示。

图 15-15　创建选区

15 选择工具箱中的〝渐变工具〞，单击工具选项栏中的〝点按可编辑渐变〞按钮。

16 在弹出〝渐变编辑器〞窗口中单击颜色条右端下方的〝色标〞按钮，添加从绿色（C：81，M：4，Y：100，K：1）到黄色（C：0，M：0，Y：100，K：0）的渐变，如图 15-16 所示，最终填充效果如图 15-17 所示。

图 15-16　〝渐变编辑器〞设置　　　　　图 15-17　填充效果

17 用同样的方式为"季新品"填充渐变色。

18 在弹出"渐变编辑器"窗口中单击颜色条右端下方的"色标"按钮，添加从浅蓝色（C：58，M：0，Y：11，K：0）到深蓝色（C：100，M：60，Y：0，K：0）的渐变，如图 15-18 所示，最终填充效果如图 15-19 所示。

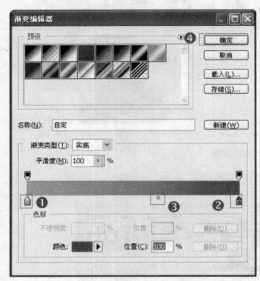

图 15-18　"渐变编辑器"设置　　　　　　　　　　　图 15-19　填充效果

19 按住 Ctrl 键在"图层"面板中同时选择"夏"和"季新品"两个图层，如图 15-20 所示。

20 按 Ctrl+T 组合键调整文字的位置，如图 15-21 所示。

图 15-20　同时选择图层　　　　　　　　　　　图 15-21　调整文字

21 用"移动工具" 将文字下方对齐，如图 15-22 所示。

22 选择"钢笔工具" T，为文字绘制一个底纹，效果如图 15-23 所示。

23 在"路径"面板上单击"将路径作为选区载入"按钮 ，将路径转化为选区，如图 15-24 所示。

图 15-22　调整文字对齐　　　　　　　　图 15-23　绘制底纹

图 15-24　将路径转化为选区

24 在 "图层" 面板上右击并选择 "栅格化图层" 命令，来栅格化图层，如图 15-25 所示。

25 为选区填充从绿色（C：81，M：4，Y：100，K：1）到蓝色（C：100，M：60，Y：0，K：0）的渐变，如图 15-26 所示。

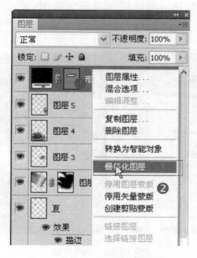

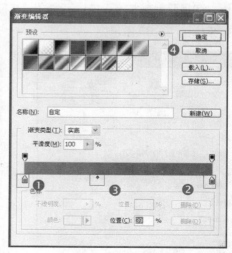

图 15-25　栅格化图层　　　　　　　　　图 15-26　设置渐变

26 填充渐变后的效果如图 15-27 所示。

图 15-27　填充渐变后的效果

27 在"图层"面板上设置不透明度为 64%，并将"形状 1"图层调整到文字图层的下方，如图 15-28 所示。

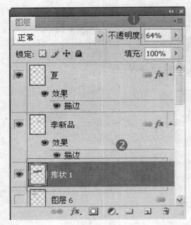

图 15-28　调整不透明度

28 选择"编辑"→"描边"命令，在打开的"描边"对话框中进行如图 15-29 所示的设置，效果如图 15-30 所示。

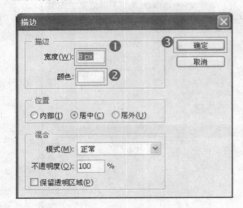

图 15-29　描边设置　　　　　　　　　　　　　图 15-30　描边效果

29　按 Ctrl+T 组合键调整底纹的外形, 在调整的时候可按 Alt 键来单独调整一个角的位置, 效果如图 15-31 所示。

图 15-31　调整底纹

30　打开 "光盘\素材\ch15\标志.psd"、"小雨伞.psd", 使用 "移动工具" ➕将其拖入背景中, 然后按 Ctrl+T 组合键执行 "自由变换" 命令并调整到合适的位置, 效果如图 15-32 所示。

图 15-32　导入素材并调整位置

31　设置前景色为白色, 选择 "自定形状工具" ⬚, 在选项栏中单击 "填充像素" ⬚和 "点按可打开 '自定义形状' 拾色器" ⬚按钮, 在下拉列表框中选择 "会话 3" 图案, 如图 15-33 所示。

32　新建一个图层, 在画面中用鼠标拖曳出会话 3 形状, 效果如图 15-34 所示。

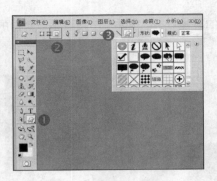

图 15-33　使用自定形状工具

图 15-34　绘制自定形状

33 选择"编辑"→"描边"命令，在打开的"描边"对话框中进行设置，效果如图 15-35
所示。

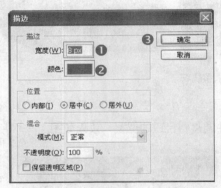

图 15-35　添加描边效果

34 在"图层"面板中复制两个形状图层，并将复制的形状放置在不同的位置，效果如图
15-36 所示。

图 15-36　复制形状图层

35 新建一个图层，选择"椭圆选框工具"◯，在画面绘制一个圆形，设置前景色为（C：0，M：0，Y：100，K：0）的黄色，按 Alt＋Delete 组合键填充，效果如图 15-37 所示。

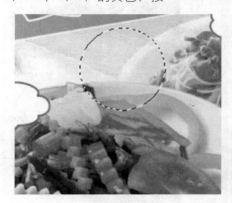

图 15-37 绘制并填充圆形选区

36 选择"编辑"→"描边"命令，在打开的"描边"对话框中进行设置，效果如图 15-38 所示。

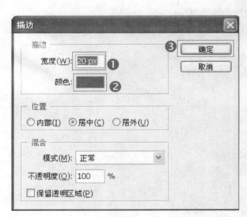

图 15-38 添加描边

37 选择"文字工具"T，输入文字信息，在"字符"面板中设置"千味沙拉"、"火焰冰淇淋"和"番茄侬面"的字号为 36，字体均为华文行楷；字体颜色为红色。

38 设置"新登场"字号为 48，字体为方正粗体，字体颜色为红色，如图 15-39 所示。

39 综合调整各个位置，招贴就绘制完成了，如图 15-40 所示。

图 15-39　调整字体

图 15-40　绘制完成

15.3 | 本章小结

　　在本实例大量使用了自定义形状中的图形，自定义形状图形是一个非常方便快捷的工具，里面有大量的图形可供选择，而且还可以编辑。在设计中读者可以灵活地组合一些图案来为设计添彩增色。在设计食品海报时，颜色的选用一定要纯度较高，切忌出现脏色；图片也要选择清晰、明亮的图片，能让人眼前一亮，尽量以食物的本身去吸引顾客。

Chapter

16

商品包装设计

本章知识点

● 商品包装设计的流程与法则
● 食品类包装设计

本章将学习商品包装的相关知识，并通过一个糖果包装实例来深入学习如何使用 Photoshop CS4 软件来制作商品包装设计。

16.1 | 商品包装设计的流程与法则

现代包装的目的除了包含对商品内容进行保护、方便运输、贮存等基本目的外，还包括提高商品价值、刺激消费者的购买欲等新内容，并逐渐成为在产品设计过程中就需要综合考虑的组成部分。在商品竞争激烈和崇尚个性消费的今天，商品包装对产品销售起到的推进作用也日益明显，甚至出现了在产品设计的过程中侧重于包装表现的新观念，力求通过优秀的包装设计达到促进商品销售的目的。如图 16-1 所示就是两款优秀的商品包装设计。

图 16-1 造型独特的商品包装

16.1.1 商品包装设计的流程

现代商品的包装设计是企业整体营销策略的一个重要组成部分。设计师在进行包装设计前，应该充分了解产品的特点，考察该产品目前的市场状况，收集同类产品的各种相关资料，了解商家的营销策略，再进一步进行设计工作。

1．相关资料收集和市场调查

（1）了解商家对此包装在设计上期望的风格和效果。

（2）收集同类商品在产品包装上注重的表现形式，从而进行剖析，掌握其包装设计的优缺点，为下一步进行设计工作做好准备。

（3）对产品进行定位。调查该产品所针对的市场状况、消费者层次、消费心理以及销售价格等，从而对产品包装进行定位。

（4）收集设计用的参考资料。

（5）拟定包装设计计划并安排工作进度。

2．视觉设计程序

根据第一步工作中所了解的相关内容以及收集的资料和信息，可以对该包装设计有一个初步的认识和构想，接下来可进入产品包装的设计工作。

（1）绘制草图。将设计的初步构想用铅笔等简易工具简单地绘制成草图；将图形、文字以及编排方式的表现形式和构成手法等进行多角度、多方面的尝试，直到筛选出最佳的设计方案为止。

（2）确定草图方案。当设计师筛选出最佳方案后，交由客户，并与客户进行交流、分析，确定出统一的设计方案。

（3）正稿的制作。设计方案确定后，即可将草稿制作成计算机正稿，因为草稿是没有色彩的，所以在进行正稿的制作过程中，还需要考虑色彩的应用，达到色彩与图文的完美统一。

（4）正稿的确定。制作完正稿，交由客户确认后，即可将设计稿最终定型。

16.1.2　图文设计与色彩运用法则

对商品包装设计来说，在视觉表现上除了保持简洁、新奇、实用的基本原则外，还必须考虑其他的一些因素，比如市场的竞争情况、陈列方式、大小，以及最现实的成本问题，这些都是左右包装视觉表现的重要因素。

因为包装涉及三维空间的问题，所以在包装设计中会存在一些局限，但在设计表现上仍不脱离文字、色彩以及图形这三大要素的表现重点，如图16-2所示。

图 16-2　包装上文字、图形与色彩的表现

1. 文字排版

包装上的文字包括牌号品名、商品型号、规格成分、使用方法、生产单位和拼音或外文等，这些是介绍商品、宣传商品不可缺少的重要部分。文字之间的编排与变化、字体的灵活使用，也能构成优秀的设计，发挥强大的宣传表现作用。不同商品包装中的文字排版效果如图 16-3 所示。

图 16-3　不同商品包装中的文字排版效果

在应用文字进行表现时，设计者要对各种字体的特点有足够的了解，才能针对商品的特性选择合适的字体。除了必须对现有的字体特色有深入的认识外，设计者也可依据商品的特性，创造出新形态的、突出商品个性的字体，以吸引消费者的注意力，达到促进销售的目的。

2. 图文排版

具象图形和抽象图形是包装设计中常见的图案表现方法，它们以快速、准确地将包装中的产品信息传递给消费者为目的。如果只通过文字、色彩来表现，很难足够全面、直观地表现产品信息，所以设计者常会以写实的、绘画的、感情的表现方法，具体地说明产品优点。为了表现产品的真实感，具象图形的表现方式通常会以摄影或插画的方式来表现。

抽象图形的表现方式则是给消费者一种冷静、理性的强烈视觉印象，并使商品本身在其包装中展现其独特的风格，如图 16-4 所示。在进行图形设计时，设计者应以商品本身的消费群诉求、商品本身的定位与特色来选择表现包装内容的代表图案。

图 16-4　商品包装中的图文排版

3. 色彩的选择与运用

色彩也是影响包装设计成功与否的关键要素之一，它可以直接刺激人们的视觉，使人们的情绪发生变化，并间接地影响人们的判断力。

色调是指画面的一个总的色彩倾向度，它是由画面中若干块占据主要面积的色彩所决定的。包装的色彩设计应以包装的内容物为出发点，充分考虑消费群体以及消费领域的不同，有针对性地确定色调。

色彩的明度是指色彩本身的明暗深浅程度；色彩的纯度又称为色彩的饱和度，是指色彩本身的鲜艳程度。色彩的明度和纯度可以给人以心理暗示和产生联想，比如，针对女性消费者的商品，大多采用亮丽的、高明度的色彩表现；而针对男性消费者的商品，则会适当降低色彩的明度和纯度，用来表现男性的庄重、沉稳、阳刚之气。

一个商品包装要能吸引消费者的眼球，良好的视觉效果是必需的，而利用色彩的特性来塑造商品包装的视觉表现力是包装设计中运用色彩时的重点，力求通过色彩的直观感觉达到更好地表现产品的目的，如图 16-5 所示。

图 16-5　包装中的色彩应用

设计者首先要在色彩应用上掌握丰富的理论知识，了解色彩的各种要素与特性。只有将色彩应用的各种知识融会贯通，才能为商品设计出最具视觉刺激的包装效果提供保证。

16.2 | 食品类包装设计

在众多的食品类包装中，由于塑料包装材料具有保质、保鲜、保风味以及延长货架寿命的作用，因此在进行食品包装选材上多以塑料包装材料为主，如图 16-6 所示。下面就利用 Photoshop 来设计一种塑料材质的食品包装。

图 16-6　食品类塑料包装

16.2.1　设计前期定位

打开"光盘\结果\ch16\立体效果图.psd"文件，可查看该产品包装的正反面效果，如图 16-7 所示。

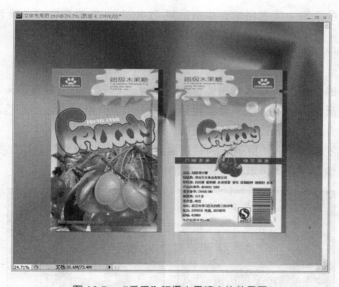

图 16-7　"乐天"超级水果糖立体效果图

1．设计定位

水果糖属于青少年喜爱的零食，所以"乐天"超级水果糖的设计定位以青少年为大众消费群体，也适合不同层次的消费群体，其销售市场为超市、零售和批发市场。

2．设计说明

"乐天"超级水果糖在包装设计风格上运用夸张的英文字体和精美的矢量图案相结合的手法，既突出了主题，又表现出其品牌固有的文化理念。

在色彩运用上，以清新的淡绿色为部分底色，主体文字则应用红色和黄色的渐变色，突出该产品"炫"的特点，如同霓虹灯一般。绿色突出了该产品的绿色食物特征。红色和绿色是互补的颜色，因此在设计中，将部分底色填充为白色，并为绿色文字添加一个蓝边，既体现了文字，又起到丰富色调的作用。

在整个设计中，充分考虑到文字、色彩与图形的完美结合。相信在同类商品中，该商品的包装外观效果是非常有吸引力的一种。

3．材料工艺

此包装材料采用聚脂薄膜印刷，其印刷工艺通常是四色凹版印刷，所用油墨为耐水篓。

4．设计重点

在进行此包装的设计过程中，运用到 Photoshop 软件中的渐变填充、图层的复制和翻转等命令，综合起来，该实例有以下 3 个制作重点。

- 使用渐变填充来制作主题文字。
- 对图层进行复制并水平翻转，制作出对称的图像效果。
- 使用画笔工具绘制出立体包装上的明暗效果。

通过对本实例的学习，读者将学会如何运用 Photoshop 软件来完成此类包装设计及立体效果图的绘制方法。

5．设计制作

在本节所讲述的"乐天"超级水果糖包装的设计过程中，首先应清楚该包装容器的规格，设计出包装袋的正反面平面展开图，最后再通过后期处理，绘制出该产品包装的立体效果图。下面将向读者详细介绍此包装效果的绘制过程。

打开"光盘\结果\ch16\"目录下的"正面展开图"和"背面展开图"文件，可查看该产品包装的正反面图像，平面图及其尺寸图如图 16-8 所示。

(a) 正面展开图   (b) 背面展开图

图 16-8 "乐天"超级水果糖平面展开图

16.2.2 绘制正面展开图

01 选择"文件"→"新建"命令，新建一个名称为"正面展开图"、大小为 140mm×220mm、颜色模式为 CMYK 的文件，如图 16-9 所示。

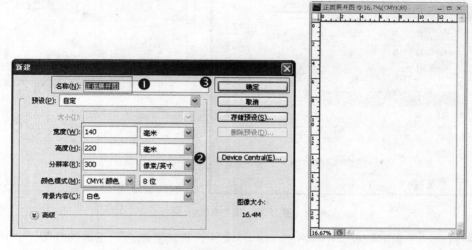

图 16-9 新建文件

02 选择"视图"→"新建参考线"命令，分别在水平 1cm 和 21cm 与垂直 1cm 和 13cm 的位置新建参考线，以创建 4 条离边缘距离为 1cm 的辅助线，如图 16-10 所示。

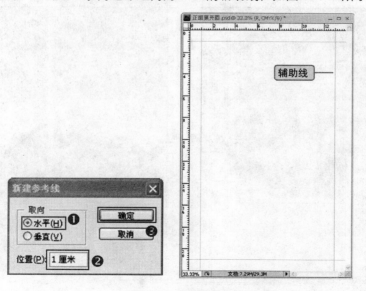

图 16-10 创建辅助线

03 在"图层"面板上单击"创建新图层"按钮 ，新建一个图层 1。

04 为该图层上填充一个从淡绿色（C：69，M：0，Y：99，K：0）到白色的渐变，应用填充后的效果如图 16-11 所示。

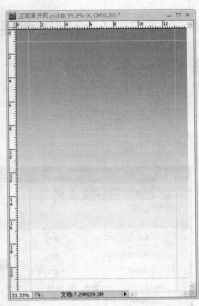

图 16-11 填充渐变色

05 打开"光盘\素材\ch16\水果．psd"文件，将其复制至"正面展开图"文件中，文件将自动生成图层 2。按 Ctrl+T 执行"自由变换"命令，调整图案到适当的大小，如图 16-12 所示。

图 16-12 调整图案

06 选择"文字工具" T.，分别在不同的图层中输入英文字母 F、R、U、C、D、Y，如图 16-13 所示，再进行"字符"面板设置，将字体颜色设置为白色，效果如图 16-14 所示。

图 16-13 设置"字符"面板

图 16-14 文字效果

07 利用"选择工具" ⊕ 来调整各个字母的位置。选取字母 F，然后在"字符"面板中设置其大小为 196.7。用相同的方法设置其他字母的大小，效果如图 16-15 所示。

图 16-15 文字效果

08 按住 Ctrl 键，在"图层"面板上选择所有的字母图层，如图 16-16 所示，再按 Ctrl＋E 快捷键来执行"合并图层"命令，合并所有字母图层后的"图层"面板如图 16-17 所示。

图 16-16 选择图层

图 16-17 合并图层

09 按住 Ctrl 键，在"图层"面板上单击字母图层上的图层缩览图来选取字母，为其填充一个从红色（C：0，M：100，Y：100，K：0）到黄色（C：0，M：0，Y：100，K：0）的渐变，如图 16-18 所示，应用填充后的效果如图 16-19 所示。

图 16-18　渐变编辑器参数设置

10 选择字母后，选择 "选择" → "修改" → "扩展" 命令打开 "扩展选取" 对话框，设置扩展量为 20，单击 "确定" 按钮，效果如图 16-20 所示。

图 16-19　渐变填充效果

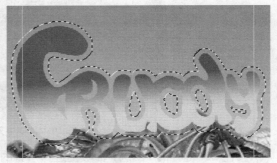

图 16-20　扩展选区

11 选择 "矩形选框工具" ，并在选项栏中单击 "添加到选区" 按钮 ，将没有选中的区域加选进去，效果如图 16-21 所示。然后在 "图层" 面板上新建一个图层，并填充为蓝色，效果如图 16-22 所示。

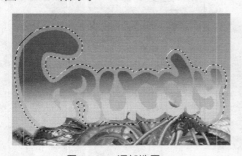

图 16-21　添加选区

图 16-22　添加底纹效果

12 选择蓝色底纹图层，为其描上白色的边。选择 "编辑" → "描边" 命令，打开 "描边" 对话框，设置颜色为白色，其他参数设置如图 16-23 所示。

13 用同样的方式为字母也描上白色的边框，宽度设置为 3 像素，效果如图 16-24 所示。

图 16-23　描边参数设置

图 16-24　描边效果

14 将底纹和字母图层进行合并，然后选择文字工具，输入英文字母 FRUITCANDR，进行"字符"面板的设置，字体颜色设置为白色，如图 16-25 所示。

15 在"图层"面板中，将两个字母图层同时选中并调整方向，使主体更加具有冲击力，效果如图 16-26 所示。

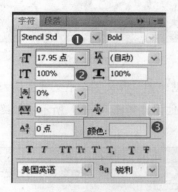

图 16-25　设置"字符"面板

图 16-26　文字效果

16 打开"光盘\素材\ch16\标志.psd"文件，如图 16-27 所示，将其拖到包装文件中，并调整到适当的大小和位置，如图 16-28 所示。

图 16-27　标志素材

图 16-28　标志效果

17 打开"光盘\素材\ch16\果汁.psd"文件，将其复制到效果文件中，调整到适当的大小和位置后，然后调整果汁的颜色，以呼应主题。

18 选择"图像"→"调整"→"色相/饱和度"命令，调整颜色，参数设置如图 16-29 所示，最终效果如图 16-30 所示。

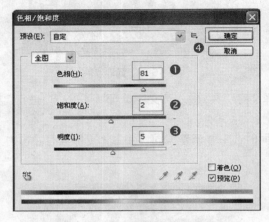

图 16-29　色相/饱和度参数设置　　　　　图 16-30　调整效果

19 选择"文字工具" T，分别输入"超级牛奶糖……"等文字，中文字字体为"幼圆"，大小设置为 20，英文字大小为 9，颜色均为红色，其他设置如图 16-31 所示，最终效果如图 16-32 所示。

图 16-31　设置"字符"面板　　　　　图 16-32　文字效果

20 继续使用文字工具来输入其他文字内容，设置"NET……"字体为黑体、大小为 10、颜色为黄色，"THE TRAD……"字体颜色为红色、大小为 12。

21 在图层样式中添加描边效果，具体参数设置如图 16-33 所示，最终效果如图 16-34 所示。

22 打开"光盘\素材\ch16\奶糖.psd"文件，将其复制到效果文件中，调整到适当的大小和位置后，然后调整奶糖的不透明度为 74%，使主次分明，效果如图 16-35 所示。

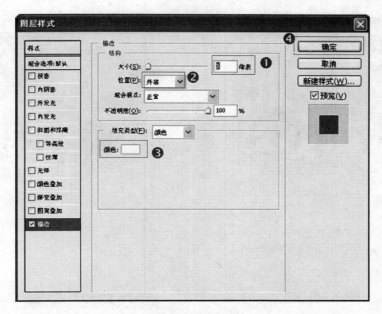

图 16-33　参数设置

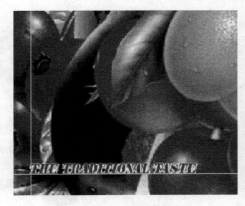

图 16-34　文字描边效果

图 16-35　奶糖效果

23　按 Ctrl+S 组合键，将绘制好的 "正面展开图" 文件保存。

16.2.3　绘制背面展开图

01　选择 "图像" → "复制" 命令，将正面展开图窗口进行复制，删除背面设计中不用的图层，如图 16-36 所示；再分别调整各个元素的大小和位置，如图 16-37 所示。

02　在 "图层" 面板上单击 "创建新图层" 按钮，新建一个图层，将前景色设置为 CMYK（C：87，M：34，Y：100，K：28）的墨绿色。

03　选择 "矩形选框工具"，绘制一个矩形选区，使用前景色进行填充，取消选区后的效果如图 16-38 所示。

图 16-36　保留可用图层

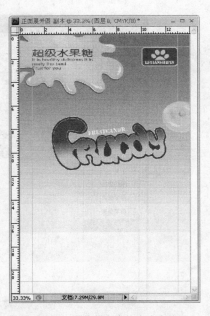

图 16-37　调整各元素的大小和位置

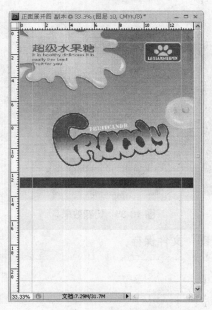

图 16-38　绘制并填充矩形

图 16-39　添加水果

04　打开“光盘\素材\ch16\水果 1.psd”文件，将其复制到效果文件中，调整到适当的大小和位置，效果如图 16-39 所示。

05　按 Ctrl+Shift+S 组合键，将修改后的背面图形另存为一个新的文件。

06　选择“文字工具” T，分别输入“口味多多”、“快乐多多”文字，颜色均为白色，其他设置如图 16-40 所示，最终效果如图 16-41 所示。

图 16-40 设置"字符"面板

图 16-41 文字效果

07 继续使用文字工具来输入其他文字内容，首先绘制一个文本框，然后在其内输入品名、制造商等文字内容，设置颜色为黑色，其他具体参数设置如图 16-42 所示，最终效果如图 16-43 所示。

图 16-42 设置"字符"面板

图 16-43 文字效果

08 打开"光盘\素材\ch16\质量安全标志.psd"及"条形码.psd"文件，如图 16-44 所示；将其复制到背面文件中，调整其大小和位置，效果如图 16-45 所示。

图 16-44 质量标志及条形码

图 16-45 调整质量标志及条形码的大小和位置

09 选择奶糖图层，在"图层"面板中将其不透明度设置为 100%，然后将其复制一个，调整大小和位置，效果如图 16-46 所示。

图 16-46　复制并调整奶糖图层

⓾ 按 Ctrl+S 组合键，将绘制好的背面图形进行保存。

16.2.4　绘制立体效果图

对平面图形进行立体效果的处理，主要通过绘制物体上的明暗层次来体现物体的立体感。下面一起来完成此效果图的绘制。

> **高手指点**：在绘制图形时，为了节省在工具箱中切换工具的时间，在 Photoshop 提供的各个工具中都设置有相应的快捷方式。将鼠标移动到工具箱中的任意一个工具按钮上停留几秒钟后，即可显示该工具的名称以及快捷键。

打开"光盘\结果\ch16\立体效果.psd"文件，可查看该产品的立体效果，如图 16—47 所示。

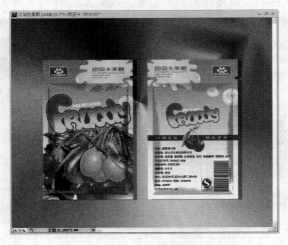

图 16-47　立体效果

01 打开前面绘制的正面展开图，选择"图像"→"复制"命令，对图像进行复制，按 Shift+Ctrl+E 组合键合并图像中的可见图层，如图 16-48 所示。

图 16-48 合并可见图层

02 选择"文件"→"新建"命令，新建一个大小为 270mm×220mm、分辨率为 300 像素/英寸、颜色模式为 CMYK 的文件，如图 16-49 所示。

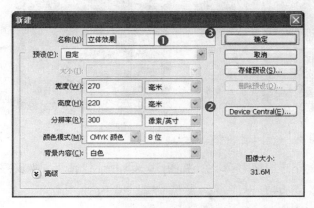

图 16-49 建立新的文件

03 将包装的正面效果图像复制到新建文件中，调整到适当的大小，如图 16-50 所示。

04 制作出包装袋上的撕口，选择"矩形选框工具" , 在包装袋的左上侧选择撕口部分，再按 Delete 键删除选区部分。同理，绘制右侧撕口，如图 16-51 所示。

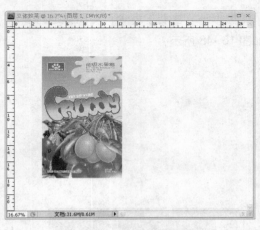
图 16-50　置入正面效果图

图 16-51　绘制撕口

05 在"图层"面板上单击"创建新图层"按钮 ⬜，新建一个图层，使用"钢笔工具" ✒️ 绘制一个工作路径并转化为选区，将其填充为黑色，如图 16-52 所示。

图 16-52　绘制并填充选区

06 在"图层"面板中设置该图层的不透明度为 20%，如图 16-53 所示。使用"橡皮擦工具" 🧽 在图像左下方进行涂抹，如图 16-54 所示。

图 16-53　设置图层不透明度　　　　图 16-54　柔和图像边缘

07 使用同样的操作方法绘制包装袋其他位置上的明暗效果，如图 16-55 所示。

08 打开前面绘制的"包装背面效果"图像，合并可见图层后，将其复制到立体效果文件中，调整背面图像的大小和位置，如图 16－56 所示，将该图层调整到正面图像的下一层。

图 16-55　绘制包装上的明暗效果　　　　　　　　　　　图 16-56　置入背面图像

09 同时选择正面图像中绘制的明暗效果图层，按 Ctrl＋E 组合键进行合并，将合并后的图层进行复制并移动到右边的背面图像上，与背面图像对齐，如图 16－57 所示。

图 16-57　绘制背面图像的立体效果

10 在背面图像上绘制出包装袋上的撕口和挂口效果，如图 16－58 所示。

11 选择背景图层，为其填充"渐变编辑器"窗口中预设的"透明彩虹渐变"，并使用角度渐变方式进行填充，如图 16－59 所示。

图 16-58　绘制背面包装袋上的撕口效果　　　　　　　图 16-59　填充背景层

[12] 新建一个图层，绘制一个矩形选区，对其应用半径值为 3 的羽化效果，使用黑色进行
填充，将图层不透明度设置为 50％，如图 16－60 所示。

图 16-60　添加正面图像的投影

[13] 复制正面效果中绘制的投影图像，将其移动到背面图像下，以完成整个立体效果，如
图 16－61 所示。

[14] 完成所有操作后，对图像进行保存。

图 16-61　复制投影到背面图像下

16.3 | 本章小结

　　本章学习了商品包装设计的概念、分类、功能以及包装设计的流程与法则等相关专业知识，并针对塑料包装设计，通过使用渐变填充工具、钢笔工具、色相/饱和度命令、图层样式命令、复制命令等制作了一个糖果包装的实例效果。通过对本章内容的学习，读者可以逐渐走上商品包装设计师之路。

Chapter

17

商业插画设计

本章知识点

● 插画的形式
● 《春》插画设计

在现代设计领域中，插画设计可以说是最具有表现意味的设计，它与绘画艺术有着亲近的血缘关系。插画艺术的许多表现技法都借鉴了绘画艺术的表现技法。插画艺术与绘画艺术的"联姻"，使得前者无论是在表现技法多样性的探求方面，还是在设计主题表现的深度和广度方面，都有着长足的进展，展示出更加独特的艺术魅力，从而更具表现力。

从某种意义上讲，绘画艺术成了基础学科，插画艺术成了应用学科。纵观插画发展的历史，其应用范围在不断扩大，特别是在信息高速发达的今天，人们的日常生活中充满了各式各样的商业信息，插画设计已成为现实社会不可替代的艺术形式。

17.1 | 插画的形式

现代插画的形式多种多样，可由传播媒体分类，也可由功能分类。以传播媒体分类，基本上分为两大部分，即印刷媒体与影视媒体。印刷媒体包括招贴广告插画、报纸插画、杂志书籍插画、产品包装插画、企业形象宣传品插画等。影视媒体包括电影、电视、计算机显示屏等。

● 招贴广告插画

也称为宣传画、海报，如图 17-1 所示。在广告还主要依赖于印刷媒体传递信息的时代，可以说它处于主宰广告的地位，但随着影视媒体的出现，其应用范围有所缩小。

图 17-1　招贴广告插画

● 报纸插画

报纸是信息传递的最佳媒介之一。它最为大众化，有成本低廉、发行量大、传播面广、速度快、制作周期短等特点。报纸插画示例如图 17-2 所示。

图 17-2　报纸插画

● 杂志书籍插画

包括封面、封底的设计和正文的插画，广泛应用于各类书籍，如文学书籍、少儿书籍、科技书籍等，如图 17-3 所示。这种插画正在逐渐减退，但今后在电子书籍、电子报刊中仍将大量存在。

● 产品包装插画

产品包装使插画的应用更广泛。产品包装设计包含标志、图形、文字 3 个要素。它有双重使命：一是介绍产品，二是树立品牌形象。产品包装设计最为突出的特点在于它介于平面与立体设计之间。

图 17-3　杂志书籍插画

● 企业形象宣传品插画

它是企业的 VI 设计，包含在企业形象设计的基础系统和应用系统的两大部分之中，如图 17-4 所示。

图 17-4 企业形象宣传品插画

● 影视媒体中的影视插画

指电影、电视中出现的插画，如图 17-5 所示，一般在广告片中出现得较多。影视插画也包括计算机荧幕。计算机荧屏如今已成了商业插画的表现空间，众多的图形库动画、游戏节目、图形表格，都成了商业插画的一员。

图 17-5 插画设计效果图

17.2 | 《春》插画设计

打开〝光盘\结果\ch17\春.psd〞文件，可查看该插画设计的效果，如图 17-6 所示。

图 17-6　插画设计效果图

17.2.1　设计前期定位

这幅插画主要是为了展现春天的感觉和韵味，因此采用了春天最常见的花草和绿色作为主要素材来绘制。接下来向读者介绍该插画设计的具体事项。

1．设计定位

《春》插画属于海报形式的宣传画。

2．设计说明

插画设计就是以强烈的视觉效果来吸引人们的眼球，因此通常都采用对比强烈的颜色和醒目的字体。

3．材料工艺

此插画使用 220g 铜版纸材料，采用四色平版印刷，并在封面上覆亮膜，以增强插画表面的光感效果。

4．设计重点

《春》插画设计主要包括图案、文字以及色彩的处理。在插画设计中主要有以下两个设计重点。

- 对图案花纹的重叠，使其更好地体现图片的视觉冲击力。
- 对文字大小有着鲜明的对比是这类插画的主要特征，它符合年轻一族的视觉要求。

5．设计制作

本实例在制作上主要通过叠加不同的图片、添加层次效果以及添加文字效果来制作的，下面一起来完成此实例的绘制。

17.2.2　插画绘制

01 选择″文件″ → ″新建″命令，新建一个名称为″春″、大小为 290mm×210mm、分辨率为 72 像素/英寸、颜色模式为 CMYK 的文件，如图 17-7 所示。

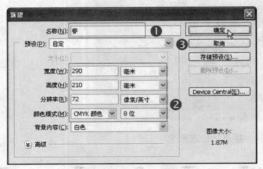

图 17-7　新建文件

02 选择″渐变工具″ ，并在工具选项栏中单击″径向渐变″ 和″点按可编辑渐变″ 按钮，在弹出″渐变编辑器″窗口中单击颜色条右端下方的色标按钮，添加从米白色 (C：4，M：1，Y：19) 到浅绿色 (C：34，M：0，Y：100，K：0) 的渐变，如图 17-8 所示。

03 在画面中使用鼠标由中间向右边拖曳进行径向渐变填充，效果如图 17-9 所示。

图 17-8　设置渐变色

图 17-9　填充渐变色

04 选择″文字工具″ T，在文件中分别输入 S、p、r、i、n 和 g，如图 17-10 所示。

05 分别按 Ctrl+T 组合键来调整大小和位置，效果如图 17-11 所示。

06 按住 Ctrl 键在″图层″面板上同时选择所有文字图层，再按 Ctrl+E 组合键来合并图层，效果如图 17-12 所示。

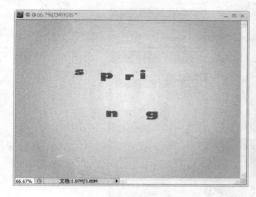

图 17-10 输入文字   图 17-11 调整文字

图 17-12 合并图层

07 按住 Ctrl 键单击图层 g 前面的图层缩览图，建立选区，如图 17-13 所示。

图 17-13 创建选区

08 选择〝渐变填充工具〞，并单击选项栏中的〝线性渐变〞和〝点按可编辑渐变〞按钮，如图 17-14 所示。

图 17-14　选择渐变工具

09 在弹出"渐变编辑器"窗口中单击颜色条中间端下方的色标按钮，添加从橘红色（C：0，M：70，Y：100，K：0）到黄色（C：0，M：0，Y：100，K：0）的渐变，如图 17-15 所示。

10 按住鼠标从上到下进行拖曳填充，再按 Ctrl+D 组合键取消选区，效果如图 17-16 所示。

图 17-15　设置渐变色

图 17-16　填充渐变色

11 选择"编辑"→"描边"命令，在打开的"描边"对话框中设置宽度为 3，颜色为绿色（C：62，M：0，Y：100，K：0），效果如图 17-17 所示。

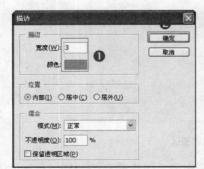

图 17-17　添加描边

12 选择"文件"→"打开"命令，打开"光盘\素材\ch17\花边 01.psd"文件，使用"移动工具" ⊕ 将其拖曳到"春"画面中，如图 17-18 所示。

13 按 Ctrl+T 组合键调整大小和位置，并调整图层顺序，使文字在最顶端，效果如图 17-19 所示。

图 17-18 导入素材（1）　　　　　图 17-19 调整素材

14 同理导入素材"花边 02.psd"和"花边 03.psd"，并将"图层 3"置于"图层 2"的上方，效果如图 17-20 和图 17-21 所示。

图 17-20 导入素材（2）　　　　　图 17-21 导入素材（3）

15 导入素材"花边 04.psd"和"花边 05.psd"，调整图层顺序，使"图层 4"置于"背景"层上方，"图层 5"置于"图层 1"的下方，效果如图 17-22 和图 17-23 所示。

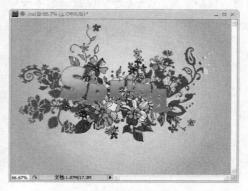

图 17-22 导入素材（4）　　　　　图 17-23 导入素材（5）

16 导入素材"花边 06 .psd"和"花边 07 .psd"，调整图层顺序，使"图层 6"置于"图层 1"上方，"图层 7"置于"背景"层的上方，效果如图 17-24 和图 17-25 所示。

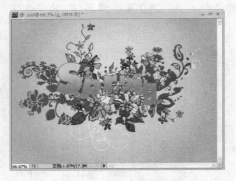
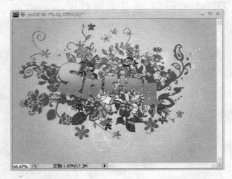

图 17-24　导入素材（6）　　　　　　图 17-25　导入素材（7）

17 导入素材"蝴蝶.psd"，调整图层顺序，将"蝴蝶"层置于图层顶端，如图 17-26 所示，效果如图 17-27 所示。

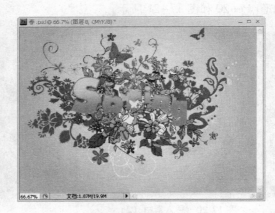

图 17-26　调整图层　　　　　　　　图 17-27　排列顺序

18 选择"多边形套索工具" ，在需要调整位置的蝴蝶处绘制一个选区，如图 17-28 所示，再利用"移动工具" 来移动位置，也可按 Ctrl+T 组合键来调整大小，效果如图 17-29 所示。

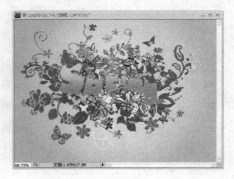

图 17-28　创建选区　　　　　　　　图 17-29　移动选区

19 在图层 g 的蓝色区域双击打开 "图层样式" 对话框，分别选中 "投影" 和 "内阴影" 复选框，设置 "投影" 颜色为（C：85，M：39，Y：100，K：39），其他设置如图 17-30 所示。

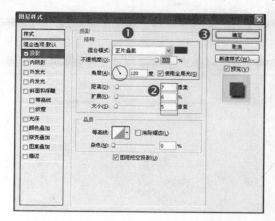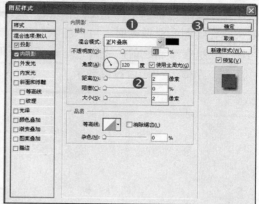

图 17-30　设置图层样式

20 选择 "文字工具" T，在图像右下角中输入相应的文字信息，在 "字符" 面板中设置各项参数，颜色设置为白色，大字字号为 24 点，如图 17-31 所示。

图 17-31　输入文字

21 上面的操作完成后，效果如图 17-32 所示，按 Ctrl+S 组合键保存文件。

图 17-32　完成效果

17.3 | 本章小结

　　本章主要通过叠加不同的图片，然后通过设置不同的图层模式和不透明度来制作不同的视觉效果。在绘制商业插画时，用户可以自己绘制不同的图案，也可以通过叠加不同的图片来进行绘制，只是在绘制之前应先确定插画所要表现的主题，以确定使用何种表现手法和所需的素材、颜色、字体等，切忌盲目动手。

效果图后期处理

本章知识点

● 室外效果图后期处理
● 室内效果图后期处理

效果图的后期处理目前越来越受到大家的广泛关注，无论是室内效果图还是室外效果图的后期处理都离不开 Photoshop。

在对效果图进行处理之前，读者应该先了解效果图设计的流程。

(1) 通过 AutoCAD 软件绘制建筑或者室内设计平面图、立面图、轴测图、节点图、大样图等全套施工图。

(2) 通过 3D 软件绘制建筑或者室内局部和整体效果图模型。

(3) 通过 LightScape 软件较强的图块和灯光处理功能进行模型渲染。

(4) 通过 Photoshop 软件进行建筑或者室内设计效果图后期处理，包括灯光、色彩、照明等方面。

18.1 室外效果图后期处理

1. 注意事项

室外效果图的后期处理在整个制作过程中占据十分重要的地位，在制作的时候需要注意以下几个方面。

(1) 在处理配景的时候应按照由里向外的顺序，即以先远景、再中景、最后近景的顺序来完成。其中以中景为主，远景和近景辅助，近景还要起到平衡画面的作用。

(2) 在选景的时候，配景要与图的气氛保持一致。

(3) 配景的图像要求非常清晰，精度要够。

(4) 透视要求正确。在确定透视的时候，可以利用地平线来完成，在确定地平线的时候，可以通过图像已有的结构来完成。

2. 处理过程

打开"光盘\结果\ch18\室外建筑效果图.jpg"和"室内效果图.jpg"文件，可查看后期制作的最终效果，如图 18-1 所示。

图 18-1　后期制作的最终效果

01 选择"文件"→"新建"命令，新建一个名称为"室外建筑效果图"、大小为 158cm×95cm、分辨率为 72 像素/英寸、颜色模式为 CMYK 的文件，如图 18-2 所示。

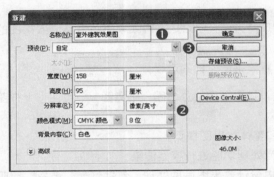

图 18-2　新建文件

02 打开"素材\ch18\背景天空.psd"背景图像，将其拖曳到效果图画布中，并调整合适的大小和位置，效果如图 18-3 所示。

03 打开"素材\ch18\住宅小区.psd"，将其拖曳到效果图画布中，并调整合适的大小和位置，如图 18-4 所示。

图 18-3　调入背景天空　　　　　　图 18-4　调入住宅小区

04 打开"素材\ch18\背景建筑.psd"、"远山.psd"、"远树01.psd"和"远树02.psd"图像，使用"魔棒工具" ✎选择"背景建筑"的天空背景，然后按 Shift+Ctrl+I 组合键进行反选，选中建筑，如图 18-5 所示。

图 18-5 选择天空后反选

05 将其拖曳到效果图画布中，并调整位置和大小，然后设置图层的不透明度值为 30%，效果如图 18-6 所示。

图 18-6 调入建筑背景并设置不透明度值

06 同理，将上面打开的＂远山＂、＂远树 01＂和＂远树 02＂图像拖曳到效果图中，并调整合适的大小和位置，然后分别调整其不透明度值为 30%，效果如图 18-7 所示。

图 18-7 调整效果

07 打开"素材\ch18\前景.psd"、"路.psd"和"草坪.psd"图像，然后分别将图像拖曳到效果图中，并调整合适的大小和位置，效果如图18-8所示。

图 18-8　布置前景、草坪和道路

08 按 Ctrl+R 组合键显示标尺，从标尺处拖拉出水平面参考线，然后打开"素材\ch18\人物01.psd"～"人物05.psd"的人物素材图像，如图18-9所示。

图 18-9　创建水平参考线并打开人物素材图像库

09 使用"移动工具"将人物拖曳到效果图中，然后按下 Ctrl+T 组合键执行"自由变换"命令，调整人物的大小，使人物的头顶在水平线以下，如图18-10所示。

10 按 Ctrl+R 组合键隐藏标尺，再按 Ctrl+H 组合键隐藏辅助线。

11 打开"素材\ch18\中景树01.psd"和"中景树02.psd"树木素材，使用"移动工具"分别拖曳到效果图中。按 Ctrl+T 组合键执行"自由变换"命令，调整树木素材的大小，然后放置到建筑物的前面，按住 Alt 键复制几棵小树排列在道路的一侧，效果如图18-11所示。

图 18-10 插入人物   图 18-11 插入树木

12 打开 "素材\ch18\飞鸟.psd" 和 "近景.psd" 素材文件，使用 "移动工具" ⊕ 拖曳植物和飞鸟到效果图中，然后按 Ctrl+T 组合键执行 "自由变换" 命令，调整植物的大小，最终效果如图 18-12 所示。

图 18-12 插入植物和飞鸟

13 选择 "住宅小区" 图层，再选择 "图像" → "调整" → "曲线" 命令，来调整主体物的亮度，如图 18-13 所示。

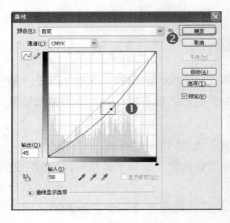

图 18-13 调整曲线

14 合并所有图层，然后选择 "滤镜" → "锐化" → "USM 锐化" 命令锐化图像，使画面更加鲜明突出，最终效果如图 18-14 所示。

图 18-14　最终效果

18.2 | 室内效果图后期处理

1. 注意事项

室内效果图后期处理的图像一般情况下都是由 LightScape 渲染输出的图像，在很多情况下都会存在着各种各样的问题，需要在 Photoshop 中进行更加细致的调整与修改，以达到最终需要的效果。在处理室内效果图的时候应该注意以下 7 个方面。

（1）首先要对从 LightScape 中导出的图像进行裁切，将画面最精彩的部位留下，过于平淡的地方可以省略掉。

（2）对色调进行调整，保证图像没有偏色问题。

（3）调整图像的清晰度。

（4）修补图像中的瑕疵。

（5）补充室内的灯光效果。

（6）添加室外的配景。

（7）添加室内的配景。

2. 处理过程

通常在制作软件中对效果图进行渲染后，还需要使用 Photoshop 这样的处理软件再进行处理。不管是什么类型的效果图，在渲染完成后都会有一个共同的处理要求，就是让画面更加清楚、色彩更加饱和以及画面更加漂亮。

01　启动 Photoshop CS4，打开完成渲染的室内效果图，如图 18-15 所示。

02　选择"图像"→"调整"→"自动色阶"和"自动对比度"命令，调整室内效果图的对比度和亮度，调整后的效果如图 18-16 所示。

03　通过观察可以发现图片存在着偏色，天花板和地板区域在整个图像中所占的比例过大，整体视觉不是很好。选择"裁切工具" ✄，将图像裁剪到如图 18-17 所示的位置。

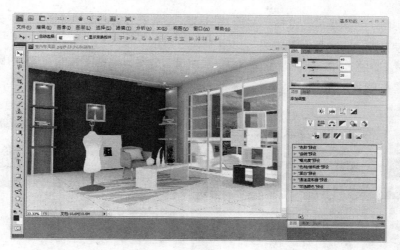

图 18-15　打开效果图

图 18-16　调整色阶和对比度

图 18-17　裁剪图像

04　整个图像在色调上稍微有点偏青色，为此可在"调整"面板上单击"色彩平衡"按钮，打开"色彩平衡"对话框，调整后的效果如图 18-18 所示。

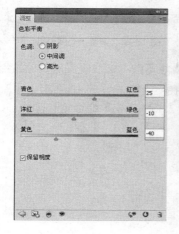

图 18-18　调整色调

377

05 复制两个背景图层，选择"背景 副本 2"图层，然后选择"图像"→"调整"→"去色"命令，使其变为黑白照片的效果，如图 18-19 所示。

06 选择"图像"→"调整"→"亮度/对比度"命令，调整图像的亮度/对比度关系。参数设置及调整后的效果如图 18-20 所示。

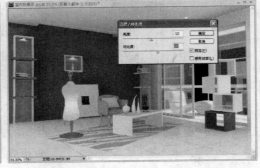

图 18-19　使用"去色"命令　　　　　　图 18-20　调整"亮度/对比度"

07 在"图层"面板中将该图层的"不透明度"值设置为 30%，然后将图层的"混合模式"设置为"叠加"，这样能够增加图像的对比度，效果如图 18-21 所示。

08 在"图层"面板上选择"背景 副本"图层，然后选择"图像"→"调整"→"亮度/对比度"命令，调整图像的亮度/对比度关系。参数设置及调整后的效果如图 18-22 所示。

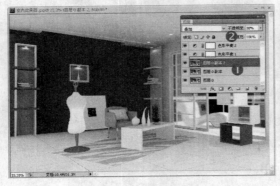
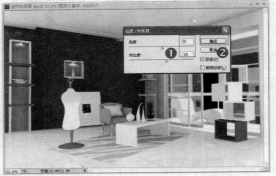

图 18-21　"叠加"图层　　　　　　图 18-22　调整"亮度/对比度"

09 在"图层"面板中将该图层的"不透明度"值设置为 20%，然后将图层的"混合模式"设置为"柔光"，这样能够增加图像的对比度，效果如图 18-23 所示。

10 合并 3 个图层，然后选择"滤镜"→"锐化"→"USM 锐化"命令锐化图像，以使图像更加清晰，效果如图 18-24 所示。

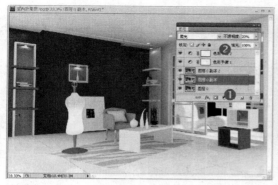

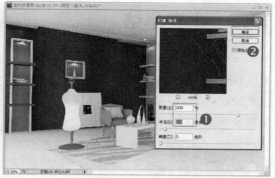

图 18-23　增加对比度后的效果图　　　　　　　　图 18-24　锐化图像

⑪ 添加室外的配景。使用"钢笔工具" ♦ 和"魔棒工具" ✎ 将窗户的位置选中，如图 18-25 所示。

⑫ 双击"背景"图层，将背景图层转换为普通图层，然后选择"图层"→"新建"→"通过剪切的图层"命令，将窗户区域剪切到新的图层中，再调整该图层的"不透明度"为 30%，如图 18-26 所示。

图 18-25　创建窗户的选区　　　　　　　　　图 18-26　调整窗户区域的不透明度

⑬ 打开室外素材，调整到合适的位置，然后选择"滤镜"→"模糊"→"高斯模糊"命令。

⑭ 打开室内植物配景，将其添加到效果图中，最终效果如图 18-27 所示。

图 18-27　添加室外配景和室内配景

18.3 | 本章小结

在制作建筑效果图时，要最大限度地展示出生动、形象、具体的楼盘或城市独特的建筑风格及环境，同时融入丰富的人物和生活情节，以及建筑的地理位置、完善的配套、优美的环境及欢快动感的生活等。通过对本章内容的学习，读者可以学习到建筑效果图后期制作方法，并掌握效果图后期制作的制作技巧。